I0047970

Johann Baptista Bohadsch

Beschreibung einiger minderbekannten Seetiere und ihren Eigenschaften

nebst einigen Kupfernschaften

Johann Baptista Bohadsch

Beschreibung einiger minderbekannten Seetiere und ihren Eigenschaften
nebst einigen Kupfernschaften

ISBN/EAN: 9783741170898

Hergestellt in Europa, USA, Kanada, Australien, Japan

Cover: Foto ©berggeist007 / pixelio.de

Manufactured and distributed by brebook publishing software
(www.brebook.com)

Johann Baptista Bohadsch

Beschreibung einiger minderbekannten Seetiere und ihren Eigenschaften

Hrn. Johann Baptista Bohadsch,

der Weltweisheit und Arzeneygelahrtheit Doctors; Sr. Kais. Königl. Majest. Kommerzien-
raths; Professors der Naturgeschichte auf der Universität zu Prag; Dechanten der medicinischen
Fakultät, und Mitglied der Botanischen Akademie zu Florenz,

Beschreibung

einiger

minderbekannten

Seethiere,

und ihren

Eigenschaften,

nebst einigen Kupfern,

wozu der Verfasser selbst

die Abbildungen nach lebendigen Thieren

gezeichnet hat.

Aus dem Lateinischen übersetzt,

und

mit einigen Anmerkungen vermehrt,

von

Nathanael Gottfried Leske,

Professor der Naturgeschichte auf der Universität zu Leipzig.

Dresden, 1776.

In der Waltherischen Hofbuchhandlung.

Abgekürzte Vorrede des Verfassers.

Der Verfasser der Abhandlungen, welche unter dem Namen der unpartheyischen Bibliothek in französischer Sprache zu Leiden *) herausgekommen, behauptet, ich irre sehr, indem ich in meiner Streitschrift von den Eyern des Blackfisches läugne, daß die Eyer der Blackfische die gemeine Seetraube seyn. Ich freue mich daher, daß ich in gegenwärtiger Schrift Gelegenheit habe, die Bemerkungen des Hrn. Nozemann über die Eyer des Blackfisches zu bestätigen, meinen Irrthum zu erkennen, und dem Aristoteles Recht zu geben. Ich wünschte mir selbst, die Wahrheit dieser Erfahrungen zu bestätigen, um so viel mehr, da Hr. Nozemann seine Bemerkungen in keiner besondern Abhandlung bekannt gemacht hatte. Es beunruhigte mich zwar sehr, daß ich in so vielen untersuchten Seetrauben, auch nicht einen einzigen jungen Blackfisch entdeckt hatte, so, daß ich dem Hrn. Nozemann weder gänzlich Glauben beymessen konnte, noch seine Bemerkungen gerade zu läugnen wollte. Denn es entstand in mir der Argwohn, daß die gallertartigen Käggen, welche ich vor Eyer des

a 2   Black-

*) Differt. de veris Sepiarum ouis, Prag. Bohem. 1752. 4. Das wahre und brauchbare findet sich auch in dieser Schrift im letzten Abschnitt.

Blackfisches ausgegeben hatte, Eyer des Dinten-fisches wären, wie Ruysch *) schon ehemals angezeigt hatte. Hierdurch hoffe ich doch einigermaßen den Titel meiner Streitschrift, welchen der Verfasser der unpartheyischen Bibliothek vorzüglich angegriffen hat, zu vertheidigen, da nach dem Linne' der Name Blackfisch (Sepia) ein Geschlechtsname ist, zu welchem der Dintenfisch auch gehöret. Nun zeigt der Titel meiner Streitschrift auch nur das Geschlecht an, indem er heißt: Von den Evern der Blackfische; daher er entweder von dem Dintenfische, oder von dem eigentlich sogenannten Blackfische verstanden werden kann. Da aber aus den Bemerkungen des Ruysch und Nozemanns erhellet, daß die von mir beschriebenen Rüggen, Eyer des Dintenfisches sind; so handelt eigentlich meine Streitschrift von der Gattung der Blackfische, welche die Naturforscher Dintenfisch nennen.

Aus folgenden Worten erhellet aber, daß ich von den Eyern der Blackfische, als von dem Geschlechte geredet habe: Ich hoffe, man sieht leicht ein, daß Hr. Needham nur aus den scharlachrothen Flecken in dem Dintenfische, auf die Gegenwart der Eyer geschlossen habe; daß er aber nicht im geringsten die Eyer gekannt habe, welche der Fisch gelegt hat, und wie sie aus dem Meere herausgeworfen werden. Weiter unten habe ich gesagt: Nun will ich sagen, was ich für Eyer der Blackfische gefunden habe.

Ausserdem habe ich in demselben Paragrapho S. 13. gesagt: Jedoch habe ich gelesen, daß Needham in einem Weibgen des Dintenfisches Eyerstöcke bemerkt habe, welche denen, die ich beschreiben will, nicht unähnlich sind. Wenn nun also die Eyerstöcke des Dintenfisches, welche Needham in der Gebärmutter der Mutter gesehen hat, den von mir beschriebenen Eyerstöcken ähnlich sind, wie ich selbst gesagt, und sie dem ohngeachtet Eyer der Blackfische genennet habe, so kann ein jeder glauben, daß ich entweder von dem Geschlechte geredet, oder daß ich ganz und gar die Eyer des Dintenfisches unter dem Geschlechtsnamen der Blackfische beschrieben habe. Ich konnte auch damals

*) Siehe Dessen Thesaur. Animal. I. p. 8. N. XXX. Tab. 2. Fig. 1.

mals nicht insbesondere von diesen handeln, sowohl, weil ich nicht aus den Schriften des Aristoteles ersah, welche Seetraube er eigentlich für den Eyerstock des Blackfisches gehalten habe, als auch, weil ich in den ganz kleinen Jungen, welche in den gallertartigen Küßgen verborgen lagen, außer der dem Geschlechte der Blackfische gemeinen Gestalt, nicht unterscheiden konnte, ob die erwähnten Küßgen Eyer des Polypen, oder des Dintenfisches, oder auch des eigentlich sogenannten Blackfisches wären. Daher glaubte ich keinen Irrthum zu begehen, wenn ich einen Titel, der das ganze Geschlecht betrift, von den Eyern der Blackfische, meiner Streitschrift vorsetzte; und so glaubte ich, auf keine Art mich betrügen zu können, weil ich gewiß war, daß es die Eyerstöcke einer Gattung des Blackfisches wären.

Dieß habe ich dem Verfasser der unpartheyischen Bibliothek antworten wollen. Unter den Seethieren, welche ich in Neapel untersucht habe, kömmt auch die Seetraube vor, in deren Körnern ich den 23ßen des Brachmonats zum erstenmale, als ich die Rinde abzog, junge Blackfische habe schwimmen sehen. Alle Theile eines jeden kleinen Blackfisches, welcher in dem schleinichten Safte schwamm, waren so vollkommen, daß keiner, der jemals einen großen Blackfisch gesehen hatte, zweifeln konnte, daß dieses die wahren Jungen des Blackfisches, folglich die Seetraube ihr Eyerstöck sey. Ich schätze mich glücklich, meinen Irrthum selbst, durch eigene Erfahrung, erkannt und verbessert zu haben, und habe meine Streitschrift unter einem andern Titel diesem Werke angehängt.

Die Seekörper, welche in den übrigen Hauptstücken beschrieben sind, sind entweder von andern Naturforschern nicht beschrieben, oder man hat bis jetzt noch keine guten Abbildungen oder richtige Beschreibungen gegeben.

Die Kupfer sind nach Zeichnungen, die ich selbst nach den lebendigen Thieren verfertiget habe, gestochen worden, und in Ausmessung der Thiere habe ich den Pariser Fuß gebraucht. Sowohl die Thiere selbst, als

ihre

ihre Theile habe ich, so viel es geschehen konnte, in natürlicher Größe abgezeichnet, damit die Gestalt desto deutlicher erkannt würde.

Ich habe kein zusammengesetztes Vergrößerungsglas bey Betrachtung der Seekörper anwenden können, sondern alles, entweder mit dem
bloßen Auge oder mit dem einfachen Vergrößerungsglase betrachtet.
Daher wird sich niemand wundern, wenn er die Fühlfäden der vierten
Seefeder oder des Fingerkorks sehr verschieden von denen findet, welche Marsigli und Schäffer angegeben, da sie dieselben durch das Vergrößerungsglas beobachtet haben. Da ich mich nur vier Monate im
Jahr 1757. zu Neapel aufgehalten habe, so wird man mich entschuldigen, wenn meine Beschreibungen und Beobachtungen nicht ganz vollkommen sind.

Vorrede des Herausgebers.

Es ist zu bedauern, daß der Verfasser dieses Buchs so frühzeitig verstorben ist, da er noch viele Arbeiten in der Naturgeschichte unternommen hatte, die jetzt nach seinem Tode verlohren gegangen zu seyn scheinen. Eines der wichtigsten würde vielleicht die Flora Bohemica geworden seyn, wobey er schon vielen Fleiß angewandt, und, um dieselbe vollständig zu machen, alle Jahre verschiedene Reisen durch Böhmen gethan hatte. Auf einer dieser Reisen wurde er krank und starb an dieser Krankheit zu Prag.

Außerdem hatte er auch ein Tagebuch von seinen Reisen verfertiget, welches er auf die Art, wie der Hr. von Haller seine Reisen, heraus zu geben, gesonnen war. Ein mehreres von dem Leben dieses Gelehrten wird in dem dritten Bande der Abbildungen und Lebensbeschreibungen Böhmischer und Mährischer Gelehrten besonders ausgeführt werden; worauf ich also die Leser verweisen muß.

Des Herrn Bohadsch Beobachtungen über einige Seewürmer, die er in gegenwärtigem Buche beschreibt, sind zur genauern Erkänntniß derselben unumgänglich nochwendig, da die mehresten Würmer, und andere Seekörper, die er beschreibt, vor ihm nur undeutlich, und nur einige nach ihm gehörig und deutlich beschrieben worden sind. So haben die Naturforscher ihm allein die genaue und vollständige Beschreibung der Lernea, oder des Seehasens der Alten, des Kerbenmaules, des rothen Argus, und der mehresten Arten der Seescheiden, u. a. m. zu danken. Die Beschwerlichkeit, die gemeiniglich mit der Untersuchung der Seekörper verbunden ist, scheint die Ursache zu seyn, daß die Geschichte derselben noch höchst unvollkommen ist. Ohne Zweifel wird diese jetzt durch den unermüdeten Fleiß, und die vortrefflich genauen Beobachtungen des Hrn. Etatsrath Otto Friedrich Müllers sehr verbessert und vermehrt werden. Einen großen Theil zu dieser Verbesserung und Vervollkommnung der Geschichte der Seewürmer hat schon Hr. Bohadsch beygetragen, und sie verdie-

verdienen daher von den Deutschen Liebhabern der Naturgeschichte gelesen und untersucht zu werden. Zu dem Ende hat der Verleger dieses Buchs, dem es in Deutsch-
land selbst noch nicht hinlänglich bekannt zu seyn scheint, mich ersucht, eine Uebersetzung
desselben zu besorgen. Da ich nun, wegen anderer Arbeiten, die Uebersetzung selbst
nicht übernehmen konnte: so hat sie ein Freund und Zuhörer von mir verfertiget, und
ich habe sie genau mit dem Original verglichen, das Ueberflüßige und Weitschweifige
des Verfassers weggelassen oder verkürzt, doch so, daß die Beobachtung und Geschichte der Thiere selbst nicht verändert noch undeutlich gemacht würde. So habe ich die
meisten Stellen, wo der Verfasser sich blos mit der Bestimmung und Vertheidigung
dererjenigen Namen einließ, die nicht sind beybehalten worden, weggelassen; da doch
nun endlich die Naturgeschichte so weit gekommen zu seyn scheinet, daß man nicht mehr
um die Namen streitet, sondern die einmal angenommenen und bekannten annimmt.

Zu den Deutschen Benennungen habe ich meistens die von Hrn. Müllern in seiner ausführlichen Erklärung des Linne'ischen Natursystems angenommenen gewählt:
einige ausgenommen, wo es wichtige und in den Anmerkungen angezeigte Ursachen nicht
erlaubten, oder wo Hr. Müller selbst den vor ihm gegebenen Geschlechtsnamen, ohne
Noth, änderte.

Wo der Verfasser Ausdrücke brauchte, die der Natur der Sache und dem jetzt
angenommenen System widersprachen, habe ich die angemessenen deutschen Worte
gebraucht, ohne mich an die der Wortbedeutung eigenen zu binden; z. B. wenn der
Verfasser die wahren Würmer Pflanzthiere nennt, u. d. gl.

In den Anmerkungen habe ich die Benennungen des Verfassers mit den Linne'i-
schen Namen verglichen, und diese nach der zwölften Edition seines Natursystems angezeigt; auch allezeit die Namen des Hrn. Müllers angeführet, da dieses Buch unter den deutschen Liebhabern der Natur bekannt ist.

Die Schriftsteller, die unser Verfasser anführet, habe ich alle, wenn ich das Buch
erhalten konnte, nachgeschlagen, und dabey die Druckfehler, die im Lateinischen Original in Absicht der Seitenzahl, u. s. w. sich finden, verbessert; auch allemal von jedem Buch den richtigen und vollständigen Titel angeführt. Ausserdem habe ich die
Beschreibungen sowohl der ältern Schriftsteller, als auch der neuern, mit denen von
unserm Verfasser gegebenen, verglichen, auch wo es nöthig war, einige andere Erläu-
terun-

terungen und kurze Erklärungen hinzugethan. Da ich einige Bücher nicht erhalten konnte, wie ich die Anmerkungen schrieb: so will ich das nöthige noch kürzlich hier beybringen.

Das Epipetrum, welches der Verfasser als eine Abänderung der Zitterblase ansieht, und wovon im vierten Abschnitt, 7ten §pho zu Ende gehandelt worden, rechnet Linne zum Seekork, und nennt es Alcyonium epipetrum, (siehe Dessen S. Nat. Tom. I. P. II. p. 1294.) welches Hr. Müller den Federkork nennt, (siehe Dessen Linn. Naturspst. VI. Th. 2. B. Seit. 776.) und davon die vom Hrn. Ellis gegebene Beschreibung eine gute Zeichnung liefert.

Bey dem Abschnitt der Seefeder hätte ich gern des Hrn. Ellis Beschreibungen angeführt; durch einen besondern Zufall aber konnte ich den 53sten Band der philosophischen Transaktionen damals nicht erhalten. Hr. Ellis hat von der rothen und grauen Seefeder sehr schöne Abbildungen gegeben, und sie nach lebendigen Thieren beschrieben. Von dem Fingerkork, (unsers Verf. vierte Gattung der Seefeder,) hat er bemerkt, daß er, dem innerlichen Bau nach, eher zu den Sternkorallen als Seefedern zu rechnen sey; von denen er auch, wie Pallas auch behauptet, sich dadurch unterscheidet, daß er nicht frey im Meere schwimmt, sondern an einem festen Körper anhänge. Die weitläuftigere Beschreibung dieser Abhandlung des Hrn. Ellis wird ins künftige in der Samnlung der aus den philosophischen Transaktionen gezogenen Abhandlungen zu finden seyn.

Ausserdem findet sich von der rothen Seefeder noch eine ausführliche Abhandlung in den Neuen gesellschaftlichen Erzählungen für die Liebhaber der Naturlehre, der Haushaltungswissenschaft rc. im ersten Theile, Leipz. 1758. die Hr. Prof. Titius herausgegeben hat, S. 193. Es heißt daselbst: diese Seefeder ist 3¼ Zoll lang, der Kiel 1½ Zoll; das obere Ende gekrümmt. Ihre Farbe ist auswendig blaßroth, und wenn sie im Wasser eingeweicht worden, haben die durchsichtigen Theile der Feder fast ein blutrothes Ansehen; der Kiel ist 1/15 Zoll dick, rund, und von gleicher Dicke, bis unten, wo er nach abgestreifter Haut, in eine längliche weiße Spitze ausgehet, welche hart und steif ist. Bey der eingeweichten Feder zeigte es sich, daß das dünne und umgebogene Ende so fein als ein Haar wurde, und mit dem Kernstiel durch eine Haut verbunden war, um beyde gieng eine gemeinschaftliche Haut. Der harte Stiel gieng mitten durch die Feder, und hatte eine weißliche weite Haut um sich.

b

Das

Das Innere des Kernstiels war sehr weiß, harte, und brannte am Lichte leicht an, und roch wie ein angezündetes Meergras, die Meereiche genannt, (Fucus vesiculosus, *Linn.*) wurde auch endlich, nachdem es geglühet hatte, weiß wie Kreide. Hieraus folgert der Verfasser, daß es meist aus feiner Erde besteht und fast holzartig ist, ob sich gleich etwas, dem Hornbrande ähnliches mit eingemischt hat. Die äussere rothe Röhre, die diesen Kernstiel umgiebt, besteht aus vielen Häuten, deren etliche an dem äussern, in dem ganz nassen Zustande, nicht dichte ansaßen. Sie schienen dem Verfasser, um zur Filtrirung des Nahrungssaftes zu dienen, diese Einrichtung zu haben. Die Röhre ist ohngefähr so dick als ein Baumblatt; sie ist äußerlich rauch, wie Schagrin, und reicht bis an die Fahne der Seefeder.

Die untere Seite des Schafts hat längst hinan eine vertiefte feine Linie oder Rinne. An beyden Seiten ist die Röhre sehr erhaben; die Haut derselben hat zwey mal größere Hervorragungen, als die Haut am Kiele, die statt kleiner Drüsen zu dienen scheinen. In dem Schafte liegt der Stiel wie im Kiele.

Die obere Seite des Schaftes ist theils mit den Anfängen der Strahlen oder Floßfedern bewachsen, theils gehen diese daselbst zusammen, und bedecken sie überall. Diese Strahlen sind unten klein, und werden nach und nach größer; ihre obere Seite, die nach der Rechten seitwärts gekrümmt ist, hat einige Einschnitte und Spitzen, die gegen das äussere Ende gerichtet sind; sie sind auch roth; von den großen Strahlen sind zwanzig an der Zahl. Diese beschriebene Seefeder ist in Norwegen gefunden worden.

Sie wird, heißt es S. 203. ferner, in einem mit Sand und blauen Thon vermischtem Grunde auf 30, 40, bis 60 und mehr Faden tief gefunden; sie ist alsdenn mit einem starken Schleime umgeben; im Salzwasser bewegt sie sich schwimmend, zu Zeiten ein wenig von einer Seiten zur andern, indem sie ihre Federn auf und zuzieht, wie ein Fisch seine Floßfedern. Folglich ist die ganze Feder der wirkliche Körper des Thiers. Sie leuchtet im Seewasser bey Nacht, wie ein brennender Schwefel, sobald sie mit einem Bürstgen ein wenig gerieben wird. Keine Thierpflanze ist es nicht, weil sie nie mit einem Seegewächse heraufgezogen worden, und auch keine andere, als die gemeinen und bekannten Seepflanzen auf dem Grunde zu finden sind. Die Spitze des Kiels sieht bey einer getrockneten Seefeder darum einem Nadelöhre ähnlich, weil

die

die Spitze mit einer Blase versehen ist, die dem Thiere dazu dienen soll, seine Nahrung zu saugen. Der Kopf (vermuthlich das untere Ende des Kiels,) hat die Gestalt einer Erbse, ist durchscheinend und mit Feuchtigkeit angefüllet.

Von den Pholaden findet sich auch noch eine Abhandlung in den Versuchen und Abhandlungen der Naturforschenden Gesellschaft in Danzig, im 2ten Theile, Seite 350. deren Verfasser, Klein, läugnet, daß die Pholaden die Steine durchbohren können. Daher glaubt der Recensent dieser Abhandlung von unserm Verfasser in den Comment. de reb, in medic. gest. Lipf. Vol. XI. p. 520. daß dieser Marmor entweder im Anfange von diesen Pholaden sey erfüllt gewesen, ehe der Marmor verhärtet worden, oder daß das Meer, indem es so hoch angestiegen, an die Säulen den Lehm und Mergel voll Pholaden zurückgelassen, und die Säule mit einer solchen Borke umzogen habe. Alle diese, und bey der Abhandlung selbst angeführte verschiedene Meynungen können nicht anders, als durch genaue eigene Untersuchung bestimmt und entschieden werden; da nun sowohl unser Verfasser, als auch Hr. Serber, Guettard, und andere diese Denkmäler selbst gesehen haben, und behaupten, daß die Pholaden in den harten Stein gebohrt haben, überdem Hr. Reaumur das Bohren dieser Muscheln selbst beobachtet hat, so scheint diese Meynung wohl vor den andern den Vorzug zu verdienen.

Aus Uebereilung und Versehen habe ich im sechsten Abschnitte im 6ten §pho, sowohl S. 107. in den beyden Anmerkungen *) und **), als S. 114. und 116. im Texte das daselbst angeführte Thier Federkork genennet; da es doch der, S. 106. in der Anmerkung *), bemerkte Fingerkork Herrn Müllers seyn soll. Der Leser wird daher so geneigt seyn, und das Wort Federkork mit Fingerkork verwechseln, und diese Irrung verbessern.

Inhalt der Abschnitte.

Erster Abschnitt.

Von der Lernea.*)

§. 1.

Als ich den vierten des Heumonats zum drittenmale, seitdem ich nach Neapel gekommen war, an dem Ufer des Meeres, nahe bey Pozzuolo gegen Baja, umhergieng, bemerkte ich einen von den Meereswellen ausgeworfenen weichen fleischigten Körper. Dieser hatte auf seinem Kopfe zwey ohrenförmige Hörner, und seine übrige Bildung des Körpers war nicht sehr von einem gemeinen Haasen, wenn er in seinem Lager verborgen liegt, unterschieden. Ob ich gleich niemals vorher ein so wunderbares Thier gesehen hatte; so schloß ich doch gleich aus der Bildung desselben, daß es der Seehaase des Rondeletius, Jonstons, und anderer Schriftsteller wäre. In dieser Meynung wurde ich

*) Ich habe den Namen des Verfassers beybehalten lassen, weil der gemeiniglich angenommene deutsche Namen: Seehase, nicht gänzlich passend ist, und auch dieser in der Folge der Abhandlung zu vielen Schwierigkeiten Anlaß geben würde. Es ist dieser Wurm nach der zwölften Ausgabe des Linné'ischen Natursystems: Laplysia depilans, und gehört zu der zweyten Ordnung der sechsten Klasse, zu den weichen mit Gliedmaßen versehenen Würmern. S. Syst. Nat. P. I. Tom. II. p. 1082. Hr. Müller hat das Geschlechtswort Laplysia durch Seelungen, und den Trivialnamen, durch Verhaarer in seiner ausführlichen Erklärung des Linné'ischen Natursystems übersetzt. Wie aber überhaupt die Trivialnamen den Geschlechtern, die nur eine Art haben, mit Unrecht insbesondere beygelegt werden: also kann man den Namen Verhaarer auch darum nicht annehmen, weil er, wie ich unten zeigen werde, einen falschen Begriff von der Natur des Thieres erwecken kann.

A

ich noch mehr bestätigt, da ich von den Fischern, die mich erwarteten, vernahm, daß sie es nach ihrer Sprache Cesto del mare nennten, und daß es nahe bey Neapel in großer Menge gefunden würde. Denn ohngeachtet ließ ich es nach Neapel tragen, und öfnete es daselbst in Gegenwart des Hrn. Ascanius, eines um die Naturgeschichte wohlverdienten Mannes, der sich damals in dieser Stadt aufhielt, jetzt aber öffentlicher Lehrer der Naturgeschichte zu Copenhagen ist. Und weil wir beyde die Struktur der innern Theile dieses Thieres sonderbar fanden, so beschloß ich dasselbe zu beschreiben. Und dieses um bestomehr, weil es von den alten und neuern Schriftstellern, auch sogar von dem berühmten Linne, nur unvollkommen beschrieben worden ist.

§. 2.

Ich habe für besser befunden, dieses noch nicht ganz genau bekannte Thier unter dem Namen Lernea, welchen es von dem Ritter Linne *) erhalten hat, zu beschreiben, als ihm den Namen eines Meerhaasens beyzulegen. Denn wenn ich es blos Haase nennen wollte, so könnte man glauben, daß ich von dem gemeinen Haasen redete. Das Wort Meer aber hinzuzusetzen, verbietet das vom Ritter Linne in seinen botanischen Grundsätzen gegebene Gesetz, daß die Geschlecht-Namen, welche aus zween ganzen bestimmten Wörtern zusammengesetzt wären, verworfen werden müßten. Ihm aber einen neuen Namen zu geben, habe ich für undienlich gehalten: weil das Thier nicht unbekannt, sondern nur den Naturforschern nicht genau genug bekannt ist, und seinen Namen schon hat. Denn viele Namen, die ein und eben derselben Sache beygelegt sind, machen Unordnung und beschweren das Gedächtniß auf eine unnütze Art, und ich wünschte daher sehr, daß, so wie diese Begierde, neue Namen zu machen, bey dem Botanicker misfällt, sie bey den Zoologen auch nie entstehen möchte. Nunmehr aber will ich die Beschreibung der Lernea selbst vornehmen.

§. 3.

*) Den Namen Lernea hat Linne diesem Thiere in der zehnten Ausgabe gegeben. In der eilften hat er es zu dem Geschlechte der Tethys gerechnet. In der zwölften aber hat er es, wie oben gemeldet, Laplysia benennt. Daß der Name Lernea, worunter Linne noch ein anderes Thier-Geschlecht versteht, im Deutschen keine Verwirrung anrichten werde, kann ich daraus hoffen, weil das letztere von Hrn. Müllern ganz gut der Riemenwurm genennet wird. S. desf. a. W. VI. Band, p. 13.

§. 3.

Taf. I. Fig. I.

Die Länge der ganzen Lernea beläuft sich auf sechs, sieben bis acht Zoll, und die Breite bis auf drey Zoll und etliche Linien. Die Farbe ist nach Verschiedenheit des Individuums verschieden: in den meisten bemerkt man eine rothbraune, vermischt mit einigen bleyfarbenen etwas dunkeln Flecken. In einigen sind die bleyfarbenen Flecke häufiger und deutlicher vorhanden, und die braune Farbe ist heller. Wenige, die auch zugleich grösser sind, glänzen von Purpurfarbe, und aus dieser ihrem ganzen Körper fließt, wenn man sie anrühret, ein Saft von eben der Farbe heraus; aus andern aber ein weißlichter Saft.

Der länglichte Kopf scheint mit vier fleischigten Hörnern oder Fühlfaden versehen zu seyn; jedoch sind nur zwey davon eigentlich so zu nennen. Denn die beyden erstern a. a. werden nach der Willkühr des Thieres von der fleischigten Lippe, welche an dem vordern Theile des Kopfs vor dem Munde hervorragt, gebildet, und haben auch bisweilen keine den Hörnern oder Fühlfaden ähnliche Gestalt.

Die beyden hintern b. b. sind ohrenförmig, gegen die Grundfläche walzenförmig, gegen die Spitze breiter, an der Spitze selbst zugespitzt und hinterwärts ein wenig ausgeschweift. Daher können es auf keine Art Ohren genennet werden, weil sie mit keiner Höhle, welche nach dem Innern fortgienge, sondern nur mit einer schwachen Vertiefung versehen sind. Die Länge dieser Fühlfaden ist sechs, die Dicke drey Linien und sie sind von dem vordern Theile des Kopfes neun, von sich aber unter einander sechs Linien entfernt.

Drey Linien unter jedem ohrenförmigen Fühlfaden liegen die dunkelschwarzen Augen mit einem weißen Kreis umgeben, c. c. die eine halbe Linie im Durchmesser haben und ohne Hülfe des Vergrößerungsglases sichtbar sind.

Der Hals d. ist erhaben, flach, einen Zoll und vier Linien lang und einen Zoll breit. Auf der untern und rechten Seite des Halses, acht Linien unter den ohrenförmigen Fühlfaden, entsteht eine dicke, fleischigte, über einen Zoll breite Haut, e. welche gegen den hintern Theil der Lernea ausgespannt ist, von da nach dem linken Theile des Halses zurückkehrt, daselbst aufhört, und den übrigen Körper wie ein Mantel umkleidet. Ich werde diese Haut den Mantel nennen, welche

A 2

nach

nach Willkühr der Lernea bald ausgespannt und zurückgeschlagen, bald aber zusammengezogen wird, so, daß vermöge dieses Mantels die hintern Theile der Lernea entweder ganz und gar bedeckt werden können, wie man sie in der ersten Figur sehen kann: oder damit sie, wenn der Mantel zurückgeschlagen ist, blos und
entdeckt können gesehen werden, wie die zweyte Figur zeigt.

Fig. 2.

Wenn der Mantel auf diese Art zurück geschlagen ist, so siehet man die
Rückenleffze a. welche unter dem Halse und ein wenig gegen den linken Theil des
Rumpfs zu entsteht, und, gegen die hintern Theile ausgebreitet, in einen holen
Halbkegel b. zusammengewickelt wird; so, daß die Grundfläche des Kegels nach
außen, die Spitze aber nach innen zu liegen kömmt. In dem untern Theil der
Grundfläche ist der Ausgang des Afters c.

Diese Rückenleffze bestehet aus einer doppelten Haut, wovon die äußere
dünner, die innere dicker ist. Die äußere ist eben so, wie der ganze Körper der
Lernea gefärbt, und hat in der Mitte ein kreisförmiges Loch d. dessen Durchmesser zwey Linien beträgt. Von dieser Oefnung laufen einige braune und weißliche Striefen e. e. gegen den Umkreis der Leffze. Die innere und dickere Haut
fällt aus dem Aschgrauen ins Schwarze, und ist wie ein Beutel gebildet. Der
Theil davon, welcher nach dem Rücken der Lernea zu liegt, ist wiederum aus vielen Blättgen zusammengesetzt, zwischen welchen kleine Kugeln, welche kaum wie
ein Hirsekorn groß sind, oder eben so viel Drüsen liegen, welche einen milchartigen Saft bey sich führen, der entweder, wenn man die Drüsen berühret, heraus-
tröpfelt, oder wellenförmig, wenn man die Lernea gereizet hat, herausfließt.
Der Theil des Beutels, welcher nach der äußern Haut der Rückenleffze gerichtet ist, scheint aus einem einfachen Blättgen zusammengesetzt zu seyn. In diesem Beutel, welcher von der innern Haut der Rückenleffze gemacht wird, ist das
muschelförmige Bein enthalten, welches ich weiter unten beschreiben werde. Die
ganze Rückenleffze aber, welche so beschaffen ist, bedeckt die etwas hervorragenden
Lungen f. f.

Außer diesen jetzt beschriebenen Theilen, sind auswendig noch andere Theile
zu betrachten: nämlich auf der rechten Seite der Lernea, nahe bey der Lippe
                                                                              des

des Mundes, eine Oefnung g. durch welche die männliche Ruthe, entweder zur Zeit der Brunst, oder vor dem Tode des Thieres herausgeht.

Taf. 2. Fig. 1.

Hernach eine breite Furche h. welche von dieser Oefnung bis zu einer andern a. geht. Diese andere Oefnung aber gehet in die Gebährmutter der Lernea, ist daher ein Theil der weiblichen Geburtsglieder und macht das äußere Ende der Mutterscheide. Wenn nun der rechte Theil der Rückenleffze noch weiter zurückgeschlagen wird, so sieht man den Gang der Mutterscheide b. disseits der Rückenleffze, die damit verbundene und dabey liegende Gebährmutter c. c. eine nicht kleine andere Oefnung d. unter ihr eine Giftführende Drüse e. und endlich den dicken Darm, welcher sich in den After endiget, aus welchem kleiner länglicht rund geförmter Unrath g. fortgeht. Auf dieser Figur sieht man zugleich die männliche Ruthe, außerhalb ihrer Oefnung herausgesteckt h.

Taf. 2. Fig. 2.

Der untere Theil der Lernea, oder der Bauch, ist eben und mit einer bräunlich weißen Farbe geschmückt, nicht anders, als in der nackenden Gartenschnecke, (Limax *Linn.*) mit verschiedenen länglichten a. und netzförmigen Streifen bezeichnet. Die größte Breite desselben ist ohngefähr zwanzig Linien, b. b. Die Länge aber, von dem Munde bis zum After, wird nach Belieben des Thieres ausgedehnet und zusammengezogen, bisweilen gehet sie, wie der Fuß der Gartenschnecke, noch über den Rücken hinaus. Bey dem Anfange des Bauches siehet man eine länglichte Ritze c. in welcher der Mund verborgen liegt. Diese wird von der Lippe, welche bisweilen in die Gestalt von Hörnern zusammen gedrehet wird, gebildet. Der Bauch, der Rücken, die Lippe des Mundes, der Kopf und der Hals haben einen gleichförmigen Bau und dieselben Bestandtheile. Nämlich sie sind aus verschiedenen weißen, dicken und dünnern, längliche, schief und der quere, nach herunter lauffenden und sich auf verschiedene Art kreuzenden Fasern zusammengesetzt, so, daß es ein wunderbares Netz vorstellet. Dieses faserichte netzförmige Wesen wird auswendig mit einer festen, kaum eine halbe Linie dicken, und, wie ich schon oben erwähnt habe, bräunlich weiß gefärbten Haut, inwendig aber mit einer andern dünnern, weißen und auch festen Haut überzogen.

Zwi-

Zwischen den Fasern, welche netzförmig sind, und sehr leicht an einander hängen, befindet sich ein lauterer salziger Saft, welcher, wenn man in die äußere Haut schneidet, nach und nach herausfließt, und wenn man hier und da den Körper der Lernea drückt, aus allen Theilen heraus quillt. Hieraus wird deutlich, daß alle Zwischenräume der Fasern eine wechselsweise Verbindung unter einander haben, und daß es auf diese Art mit dem Fettfelle (panniculus adiposus,) der vierfüßigen Thiere sehr überein komme, und nur darinne von ihm unterschieden sey, daß dieses aus häutigem Gewebe besteht, die Substanz der Lernea aber aus unterbrochenen Fasern zusammen gesetzt ist.

Die äußere Haut, welche die Substanz des Körpers bedeckt, habe ich deswegen frei genennet, weil ich keine Löcher, auch nicht einmal durch das Vergrößerungsglas, in ihr entdecken konnte. Daß sie aber mit verschiedenen kleinen Oefnungen durchbohret sey, läßt sich daraus muthmaßen: weil, wenn das Thier außerhalb dem Meerwasser ist und ohne daß es in die Haut geschnitten wird, sich dennoch jene helle Flüßigkeit nach einigen Augenblicken in großer Menge in dem Gefäße, worinnen die Lernea liegt, sammelt, und wenn diese herausgeschüttet ist, sich wiederum viel von derselben Flüßigkeit im Gefäße anhäuft. Denn niemals habe ich bemerken können, daß diese Flüßigkeit aus dem Munde oder aus dem After der Lernea hervorgedrungen wäre, wie man wohl argwöhnen könnte.

Außerdem ist bey dieser Feuchtigkeit noch dieses merkwürdig: daß sie, wenn das Thier sich überlassen wird, helle und flüßig wie Wasser ist, wenn aber das Thier stark berührt wird, so wird sie so dick, wie Schleim, läßt sich in dicke Faden ziehen, und klebt sehr fest an den Fingern.

Der Geruch, den dieser Saft verbreitet, wenn sich die Lernea außerhalb dem Meere befindet, ist süßlicht und eckelhaft; jedoch ganz besonders, von dem Safte aller See-Thiere unterschieden und kann nicht beschrieben werden.

§. 4.
Taf. 3. Fig. I.

Wenn der Bauch der Länge nach aufgeschnitten wird, so sieht man folgende Eingeweide: oben den Schlund a. diesem zunächst liegt der erste Magen b. hernach der zwente c. und an diesem hängt der Zwölffingerdarm d. welcher sich in die übrigen gekrümmten Därme und endlich in den After endiget. Bald zeigt sich

nur

nur ein einziger Gang von denen in verschiedene Wendungen gebognen Därmen, wie Fig. 1. e. bald zeigen sich drey dergleichen Verwickelungen, wie man Fig. 2. a. sehen kann. Auf alle Verwickelungen der Därme folgt die fette grünliche Leber, Fig. 1. in deren untern Theile ein gewisses herzförmiges gelb gefärbtes Einge-weide liegt, welches mit grünen Gefäßen versehen ist, und weiter unten soll be-schrieben werden.

Ueber dem ersten Magen liegen zwey länglich runde rothe Knoten, welche zwey weiße Anhänge haben. g. g. Von dem linken Knoten entstehen fünf runde weiße Faden, welche diesen Knoten eigen sind, deren vier h. h. h. h. den breiten Theil des Magens oder den Boden desselben umfassen, und gegen die linke Seite um den Rücken des Thieres laufen. Der fünfte aber i. geht gegen die höhern Theile zu und endiget sich unter dem Schlunde.

Außer diesen entspringen aus eben diesem Knoten drey andere gemeinschaft-liche Faden, davon der eine der Quere nach dem rechten Knoten läuft, der zweyte, indem er in die Höhe steigt, mit dem dritten Knoten L einen gemeinschaftlichen Faden macht, der dritte endlich m. mit einem andern Knoten, welcher hinter dem Magen liegt, vereiniget wird. Da nun also, in Rücksicht auf ihren Ursprung, zwey Faden endlich in einen zusammen laufen, so erhellet hieraus, warum ich die ersten die eigenen; diese aber die gemeinschaftlichen nenne.

Der rechte auf dem Magen liegende Knoten hat vier eigene und drey ge-meinschaftliche Faden. Von den eigenen schlägt sich der eine n. gegen die rechte Seite der Lernea, der andere o. wird unter dem Schlunde verborgen: die zwey andern p. p. liegen zwischen dem erstern und zweyten Magen und gehen bis zu der innern Seite des Rückens. Die zwey gemeinschaftlichen endigen sich eben so wie die Faden des linken Knoten.

Bey der Grundfläche des Schlundes kömmt ein anderer ähnlicher Knoten vor, aus welchem zwey eigenthümliche und eben so viel gemeinschaftliche Faden hervor gehen. Die obern oder eigenthümlichen Faden q. q. hören, nachdem sie die Grundfläche des Schlundes umgeben haben, in der innern Seite des Rückens auf. Die untern Faden aber machen mit dem Faden des Knoten, welcher auf dem Magen zur rechten und linken Seite liegt, die gemeinschaftlichen aus.

Wenn

Wenn nun die Knoten, welche auf dem Magen liegen, langsam erhoben werden, und der Magen gegen die untern Theile gedrückt wird, so siehet man unter der Speiseröhre, und nahe an der innern Fläche des Rückens, drey andere Knoten, welche mit den zwey vorher erwähnten, vermöge der gemeinschaftlichen Faden zusammen hängen. Alles in der natürlichen Lage abzuzeichnen war unmöglich, daher habe ich dieser Faden Gestalt und Verbindung in der dritten Figur gezeigt, in welcher die Knoten a. a. a. diejenigen sind, welche unter der Speiseröhre liegen, b. b. die Knoten, welche auf dem ersten Magen sich befinden, c. c. c. die gemeinschaftlichen Faden, welche die Knoten unter einander verbinden; d. d. d. d. endlich die eigenen Faden der Knoten, welche abgeschnitten sind.

Und dieses ist noch nicht die ganze Anzahl der Knoten, sondern ein wenig über der Mutterscheide liegt ein anderer, den man, aus dem Körper heraus genommen, in der vierten Figur abgezeichnet sehen kann, wo man zugleich zwey Faden a. a. sieht, welche aus den weißen Anhängen des Knotens b. b. heraus gehen, und drey andere c. c. c. welche von dem rothen Körper des Knoten d. entstehen, über die Mutterscheide und andere Eingeweide gehen, und sich auch in der innern Seite des Rückens endigen.

Daß diese wunderbare Zusammenkettung der Knoten, nichts anders, als das Rückenmark der Lernea sey, darinne wird ein jeder, der in der Zergliederung der Insekten erfahren ist, mit mir leicht übereinstimmen, und wird zugleich erkennen: daß das Rückenmark keines andern Wurmes noch Insekts auf eine so sonderbare Art gebauet sey; sowohl in Absicht auf seine Richtung, als auch was seine Substanz anbelangt.

Denn wenn wir auch das Rückenmark des Seidenwurms,[*] des Ufer-aases,

[*] Die erste anatomische der Natur ähnliche Zergliederung haben wir ohnstreitig dem Malpigh zu danken, welcher in seinen Opp. Tom. II. eine genaue Abhandlung von den Seidenwürmern gegeben, und außer der genauen Beschreibung der andern Theile, auch das Gehirn, oder vielmehr das Rückenmark beschreibt und vergrößert, wiewohl etwas steif abgezeichnet hat. Von allen andern Schriftstellern, die von dieser Raupe gehandelt haben, führe ich nur noch des Hrn. Roesels Beschreibung an; S. deff. Insektenbelust. 3t Theil, Seite 37. 7 und 8te Tafel. Die übrigen findet man beym Linné, Syst. Nat. Tom. II. p. 817. Phalaena mori. Den deutlichsten Begriff aber

von

aafes,") (Ephemera,) der Wafferjungfer, (Libellula,) der Diehbreme, (Tabanus,) und anderer Thiere betrachten: so finden wir doch ein jedes nach einer geraden, oder nicht weit davon abweichenden Linie, in dem Rücken des Thieres liegen. In keinem Thiere bemerken wir es in einen Kreis gedreht, noch theils im Rücken, theils im Unterleibe liegend. Ingleichen sind die Knoten des Rückenmarks in der Lernea von andern unterschieden, indem ihre Anhänge weiß und markicht, der übrige Theil aber roth und fleischicht ist. Die Nerven, welche wie Faden aus den Knoten hervorgehen, sind auch weiß, bestehen aus Mark und sind mit einer sehr dünnen durchsichtigen Haut überzogen.

Fig. I.

Außer den erwähnten Theilen, welche unmittelbar nach geöfnetem Unterleibe in die Augen fallen, ist ein weißer häutiger Kanal r. zwo Linien dick zu betrachten, welcher zwischen der Krümmung des ersten hervor tritt, in der Mitte des Schlundes aber, ein wenig seitwärts, aufhört, und ein Theil von dem obern Gefäße ist, das aus den Herzen entspringt, wie weiter unten deutlich werden wird.

Dieses sind die innern Theile der Lernea, deren Natur leicht beym ersten Anblick erkannt wird. Die darunter liegenden Theile aber sind viel schwerer, und nur mit großer Mühe zu bestimmen. Ich habe mehr als dreyßig Lerneen zergliedert, und war immer noch ungewiß, welchem Eingeweide anderer Thiere dieser oder jener Theil ähnlich sey. Endlich aber, am zweyten August, indem ich drey Lerneen hintereinander zergliederte, habe ich in der zweyten und dritten eines jeden Theiles Beschaffenheit und Verrichtung, wie ich glaube, deutlich erkannt und

von dem Gehirn der Raupen wird man sich alsdenn machen, wenn man des Hrn. Lyonet Abhandlung vom Weidenbohrer, unter dem Titel: Traité anatomique de la Chenille qui ronge le bois de saule, nebst den kostbaren Abbildungen nachsehen will.

*) Das Gehirn und Rückgrahmark hat Swammerdam theils in seinen Bibliis Naturae, theils in dem besondern Buche: Ephemeri vita. Amstelod. 1675. 8. genau beschrieben, und gut abgebildet. Außer Roesels (Insekt. Belust.) und Reaumurs Geschichte von der Natur dieses Thieres, lese man auch des Hrn. D. Schäfers Beschreibung des fliegenden Uferaases, 1757. 4.

B

Fig. 5.

und erlernt: daß a. die Mutterscheide, b. die Gebährmutter, c. der Eyerstock, d. das Herz, e. aber die giftführende Drüse, und endlich f. der Saamengang sey. Zwischen allen diesen Eingeweiden, die giftführende Drüse und das Herz ausgenommen, ist so ein Zusammenhang, daß sie alle zugleich aus dem Körper können heraus genommen werden, so daß man in Ansehung der Lage sie in folgender Ordnung erhält: Der ovale fleischlichte Schlund a. macht den Anfang der dünnhäutigen Speiseröhre b. welche in dem ersten Magen c. aufhört. An den Seiten der Speiseröhre liegen zween gleichfalls häutige Gänge, d. d. welche an der Grundfläche der Speiseröhre entstehen, indem sie an derselben herunter steigen, den ersten Magen umfassen, ihn bisweilen zusammen ziehen, und sich in den zweyten Magen e. endigen. Von dem zweyten Magen entstehet der Zwölffingerdarm f. welcher mit den übrigen Därmen zusammen hängt; diese aber endigen sich mit verschiedenen Verwickelungen um die grüne Leber g. herum in dem After. Neben den Därmen, in dem untern Theil des Bauches, liegt das herzförmige Eingeweide h. oder die Saamenbläsgen, welche mit ihrer Spitze mit den muschelförmigen Knochen i. und mit den Lungen k. welche hier verborgen sind, vereiniget werden; vermöge der kriechenden Gefäße l. aber werden sie mit der Gebärmutter m. verbunden. Zwischen der Leber und der Gebärmutter hat die Mutterscheide n. ihre Lage, aus welcher bald nach dem Ursprunge eine dünne Röhre hervorgeht, welche sich in dem Eyerstock öfnet. Der andere Theil der Mutterscheide aber geht in die Gebärmutter.

§. 5.

Nachdem ich nun die äußern und innern Theile überhaupt betrachtet habe, so ist noch übrig, von einem jeden inwendigen Theile eine besondere Beschreibung zu geben und seinen Nutzen zu zeigen. Damit ich aber die Ordnung, welche bey den Zergliederern gebräuchlich ist, beybehalte, so will ich von denen Theilen, welche zum Hinunterschlucken dienen, zuerst handeln.

Taf. 4. Fig. 1.

Der Schlund ist, wenn er von der Lippe des Mundes getrennet und aus dem Körper genommen ist, einigermaßen einem Pferdekopf ähnlich. Seine Länge ist acht Linien, die Breite nahe an der Speiseröhre sechs, und am Munde

vier

vier Linien. An dem vordern und engern Theile des Schlundes ist der Mund, welcher unter den Lippen verborgen, und, in Ansehung des Körpers, senkrecht liegt. Seine Oefnung, der Länge nach, beträgt vier Linien; er ist glatt und glänzend, hat keine Zähne und man sieht ihn auswendig nicht, weil er von der Lippe bedeckt ist. Wenn das Thier seine Nahrung zu sich nimmt, so werden des Mundes Seitenwände durch fleischichte Muskeln von einander seitwärts gezogen.

Fig. 2.

An der Grundfläche des Schlundes entsteht die Speiseröhre. An dem Schlunde ist sowohl die äußere, als auch die innere Seite zu betrachten. Die äußere ist mit einer verschiedenen Lage von rothen Muskel Fasern umgeben. Ich sage von rothen Muskel-Fasern, damit niemand glaube, daß die Muskel-Fasern in unserm Thiere weiß wären, nicht anders, als wie sie in vielen andern Thieren von der Art und bey den Insekten bemerkt werden. Die Lernea hat zwar auch sehr viele weiße Muskel-Fasern, aber außer diesen, welches wirklich sehr sonderbar ist, ist sie auch mit rothen Fasern und zwar am Schlunde, am zweyten Magen, und einem Theil der Mutterscheide versehen. Kömmt nun wohl also alle Röthe des Muskels vom Blute her?*) Dieses Thier giebt nicht geringe Gelegenheit an der allgemeinen Wahrheit dieses Satzes zu zweifeln: denn dessen Blut ist, wie weiter unten wird gezeiget werden, weiß, und nur wenige Muskeln haben eine schöne rothe Farbe, die übrigen aber sind ganz weiß.

Ich will nun erzählen, nach welcher Richtung diese Muskel-Fasern an dem Schlunde herunter laufen. Diejenigen, welche an der vordern Seite des Schlundes liegen, b. und von der Mundlippe rings herum entstehen, endigen sich geradeswegs in die hier nahe liegenden Muskeln, und hängen sich an die äußere Seite des Mundes fest an. Eben daselbst über diesen entstehen andere gerade fortgehende

B 2   hende

---

*) *Boerhaave* Institut. med. §. 400. Diese Frage läßt sich aus der angeführten Beschaffenheit der Fasern bey unserer Lernea nicht bestimmen, indem man von der Natur der saugenden Thiere nicht auf die andern, z. B. die Würmer schliessen kann, und es auch nicht aus dem was der Verf. anführt, erwiesen ist, daß diese rothgefärbte Fasern wirkliche Muskeln sind. Daß aber durch die Absonderung und Ausarbeitung der Säfte, weiße in rothgefärbte verwandelt werden können, läßt sich eben so leicht begreiffen, wie man sieht, daß aus dem rothen Blute mancherley gefärbte Säfte entstehen.

hende freye Fasern c. das ist, die mit den übrigen, und unter ihnen liegenden, nicht verbunden sind, und diese hören in der Vertiefung d. nahe bey der Speichel-drüse e. welche man deutlich siehet, auf. Diese Drüse umgeben halb kreisförmi-ge Fasern, an deren Ursprunge wiederum andere g. schief laufende hervor gehen, und indem sie an dem obern Theile des Schlundes wechselsweise zu einander kommen h. so bilden sie einen hervorstehenden scharfen Rand. Von dieser ent-stehen wiederum andere halbkreisförmige i. und endigen sich unter den ersten halbkreisförmigen Fasern an dem hintern Theile des Schlundes. Endlich liegen zwischen den freyen und vordern schiefen Fasern gerade Fasern k.

Aus dieser verschiedenen Richtung der Muskel-Fasern erhellet, daß alle von der Natur zu der Absicht bestimmt sind, daß sie bald den Mund und den Schlund erweitern, bald aber sie wieder zusammenziehen sollen.

Ich habe gesagt, daß an dem hintern Theile des Schlundes eine Speichel-drüse liege. Diese ist ein häutiges und durchsichtiges Behältniß, wird mit ver-schiedenem Gefäßen umgeben, und enthält eine weiße, salzichte, etwas dicke, in derselben abgesonderte Feuchtigkeit. Ein wenig unter dieser Drüse und zwischen den schiefen, und obern halbkreisförmigen Fasern nehmen an den Seiten des Schlundes zwey starke braune Bänder l. ihren Anfang, welche drey Zoll lang sind, deren Durchmesser aber eine Linie ist. Diese Bänder gehen an der Speise-röhre herunter, umfassen den ersten Magen und finden an dem Anfange des zwey-ten Magens ihr Ende.

Der Ursprung und das Ende dieser Bänder brachte mich beym ersten An-blick auf die Meynung, daß es Ausführungsgänge wären, welche die Natur un-serm Thiere gegeben hätte, damit sie den in der vorher genannten Drüse abgeson-derten Speichel in den zweyten Magen führen sollten; und diese Meynung hätte ich sehr gern angenommen, weil ich glaubte, daß auf diese Art der noch bis jetzt unbekannte Nutzen der Brustdrüse in den Menschen, nach der Analogie zu schlüß-sen, könnte dargethan werden.[*] Weil ich aber, bey aufmerksamer Untersuchung,
                                                                                              sie

*) Vielleicht ist es nicht undienlich, hier, im Vorbeygehen, zu erwähnen, daß die Mey-
   nung, die einige ältere Aerzte und Physiologen geäußert hatten, nach welcher die Brustdrüse (Thymus) zur Verfeinerung des Nahrungssaftes dienen soll, ganz neuerlich
   wieder von dem berühmten Englischen Naturforscher Hewson angenommen, und
   durch viele Versuche zu erweisen gesucht worden.

sie nicht hohl fand, auch bemerkte, daß sie sich mit keiner Oefnung, weder in die Drüse noch in den Magen, endigten; sondern nur in der äußern Fläche des Magens aufhörten, so war es wahrscheinlicher, diese Theile für Bänder zu halten, die deswegen der Lernea gegeben wären, damit sie die Speiseröhre und beyde Magen in der rechten Lage erhalten, und verhindern möchten, daß die freye und aus einer dünnern Haut bestehende Speiseröhre nicht von den übrigen herunter-gezogenen Eingeweiden und von der Last der zu sich genommenen Nahrung reissen möchte. Diese Meynung wird dadurch verstärkt, daß die Bänder die Drüse an Größe übertreffen, und ein festeres Gewebe haben, als die Drüse. Da also die Speicheldrüse auf diesem Wege ihren Saft nicht ausgießet, so ist es nothwendig, daß derselbe in dem innern Schlunde ausgeleeret werde.

Neben den vorerwähnten Bändern, entstehen unter einem spitzigen Winkel, welchen die schiefen und halbkreißförmigen Fasern des Schlundes, indem sie zusammen kommen, machen, zwey andere Bänder m. auf beyden Seiten, welche stark, zusammen gedrückt, weiß, eine Linie breit, und, einen Zoll unter dem Schlunde, an die innere Seite des Körpers befestiget sind, um den Schlund in gehöriger Lage zu erhalten, damit er nicht durch die übrigen Eingeweide herunter-gezogen, und aus seiner natürlichen Lage gebracht werden möge.

Dieses sieht man an der äußern Seite des Schlundes; nun will ich zeigen, wie er inwendig beschaffen sey. Wenn der Schlund in seinem obern oder demjenigen Theile, welcher nach dem Rücken der Lernea zuliegt, der Länge nach aufgeschnitten wird, so zeigt sich uns eine sehr angenehme Gestalt.

Fig. 3.

Oberwärts sind die Lagen der verschieden gefärbten Fasern, auf eine besondere künstliche Art geordnet. Die erste Lage a. besteht aus rothen Muskel-Fasern, die zwote ist aus weißen sehnichten Fasern zusammengesetzt; der zunächst liegt die gelbe c. und hierauf folgt endlich die blaue Lage d. Alle diese Lagen machen eigentlich die innere Seitenwände des Mundes aus, und von diesen entstehen rothe Fasern, welche in eine Haut zusammen gewebt, und in viele Runzeln zusammen gewickelt sind e. aus denen endlich die Speiseröhre entspringt.

In der Mitte und an der Grundfläche des Schlundes kömmt der Gaumen f. vor, welcher herzförmig gestaltet ist, so, daß dessen Spitze nach dem Mund,

die

die Grundfläche aber, welche in zwey Lappen getheilet ist, nach der Speiseröhre gerichtet ist. Zwischen beyden Lappen bleibt eine tiefe Aushöhlung. Der innere Schlund besteht theils aus einem rothen fleischlichten Theile s. der nach innen liegt, und welchen man seitwärts sieht, theils aus einem gelblichen körnichten knorplichten Wesen, welches auf dem fleischernen Theile liegt. Zwischen beyden läuft eine weiße Linie herab, welche, ihrer Festigkeit nach, das Mittelding zwischen einem Knorpel und einer Flechse ist.

Fig. 4.

Wenn der Schlund auf der Seite, wo er nach dem Bauche der Lernea gerichtet ist, aufgeschnitten wird, so entdecket man den fernern Bau desselben: nämlich die innere Höhle ist mit zwo fleischlichten, rothen Zwischenwänden a. a. versehen, wodurch eigentlich der innere Schlund in drey Höhlen getheilet wird, wie man es in dem zertheilten Schlunde sehen kann. Aus dieser Zertheilung des innern Schlundes ist klar, wie oft die anatomische Zergliederung den Bau der Theile verändern könne: denn auf diese Art zerschnitten scheint der innere Schlund einem Ohre gleich gestaltet, wenn er aber ganz, oder auf eine andere Art zertheilt wäre, würde er eine ganz andere Gestalt haben.

§. 6.

Die Speiseröhre ist ein häutiger braungefärbter Kanal, einen Zoll lang, zwo Linien breit, welche von verschiedenen ungleich entfernten Orten in dem Schlunde entspringt. Sie fängt an dem obern Theile des Schlundes, drey Linien unter der Mund-Lippe, oder unmittelbar unter der letzten blauen Schicht an; an dem untern Theile des Schlundes aber nimmt sie unter der Speicheldrüse ihren Anfang. Indem sie von dem obern Theile zu dem untern fortgehet, umgiebt sie den innern Schlund und bildet einen halben Zirkel, hernach aber steigt sie, nachdem sie die Gestalt eines Kanals angenommen hat, ein wenig herab, dreht sich zum zweytenmal nach dem Schlund zu, und hört endlich im ersten Magen auf. Die auswendige Seite derselben ist glatt, und aus weißen kreisförmigen Fasern zusammen gesetzt, die inwendige runzelicht, aus länglichten rothen Fasern bestehend; und von dieser Verschiedenheit der Fasern entstehet die braune Farbe der Speiseröhre.

§. 7.

§. 7.

Fig. 5.

Der Magen a. welcher mit der Speiseröhre b. verbunden ist, und welchen ich den ersten nenne, hat in den meisten Lerneen eine kappenähnliche (lyripipiformis) Figur, und ist dem menschlichen Magen ähnlich. In einigen wird er in zwey Bogen zusammen gezogen, so, daß der ausgehölte Theil des ersten Bogens sich nach der Speiseröhre, der erhabene aber nach den Därmen richtet. Das Gegentheil ist bey der zweyten Biegung, denn derselben ausgehölter Theil ist nach den Gedärmen, sein erhabener Theil aber nach der Speiseröhre gerichtet. Der breite Theil des Magens ist eben so, wie in dem menschlichen Magen, der Speiseröhre näher und liegt wagerecht. Und dieses geschieht deswegen, weil die Lernea stets mit flachem niedergebeugtem Körper einher geht, denn wenn sich das Thier senkrecht aufrichten sollte, so würde auch der Magen und die Speiseröhre eine senkrechte Lage erhalten. Die Länge des Magens, aus einer der größten Lerneen, ist zween Zoll und drey Linien; der Durchmesser des breiten Theils beträgt einen Zoll und zwo Linien, der engere Theil desselben aber c. nahe bey dem zweeten Magen, zehen Linien. Er ist häutig und aus durchsichtigen und weißlichen Fasern zusammen gefügt. Auswendig umfassen kreisförmige Fasern d. d. den großen Theil des Magens, an den untern Seiten des breiten Theils aber liegen länglichte Fasern, welche auch die innere Fläche des Magens auskleiden, und weniger Runzeln als in der Speiseröhre bilden.

Auf dem breiten Theile des Magens wird man eine Luftblase f. gewahr, welche in einem grünlichen salzigen Safte schwimmet. Dieser Saft bestehet mehrentheils aus Meerwasser, dessen salzigen Geschmack er auch beybehält. Daß aber wirklich Meerwasser in dem Magen der Lernea enthalten sey, ist kein Zweifel, weil sie aus dem Meere ihre Nahrung schöpft, und daher zugleich mit derselben Wasser hinunter schluckt. Die grüne Farbe des in dem Magen enthaltenen Saftes aber scheint von verschiedenen Meergräsern (Fucis) herzurühren, welche, außer vielen andern Dingen, unser Thier frißt. Dennoch ist es wunderbar, daß ich in keinem ersten Magen, so viel ich auch ihrer zerschnitten habe, außer dem erwähnten Saft, etwas von anderer Nahrung gefunden habe, wohl aber in dem zweeten und in den Därmen. Wenn ich nur die Magen der Lerneen, welche

lange

lange in einem von Meerwaſſer angefüllten Gefäße geſtanden hatten, aufgeſchnitten hätte, ſo hätte ich geglaubt, daß ſie deswegen leer wären, weil dieſe Thiere lange Zeit keine feſten Nahrungsmittel zu ſich hätten nehmen können, und daß die vorher genommenen aus dem erſten Magen in den zweeten herabgefallen wären, ſo, daß nur der vorher erwähnte Saft, mit Meerwaſſer vermiſcht, zurück geblieben wäre, welchen ſie eben ſo gut im Gefäße, als im Meere ſchöpfen können. Weil ich aber auch die Magen in Lerneen, welche ganz friſch aus dem Meere herausgenommen waren, eben ſo beſchaffen gefunden habe: ſo folget hieraus, daß ein höchſt geſchwinder Uebergang der feſten Nahrungsmittel aus dem erſten in den zweten Magen geſchehen muß. Und dieſes iſt um deſtomehr zu bewundern, weil bey denen Thieren, welche mehr als einen Magen haben, das Gegentheil davon geſchiehet. Denn die wiederkäuenden Thiere behalten die Speiſe ſehr lange im erſten Magen, und ſchicken ſie nicht eher in die übrigen Mägen, als bis ſie dieſelbe wiedergekäuet und halb verdauet haben. Die Urſachen dieſer ſonderbaren Erſcheinung bey der Verdauung werde ich angeben, nachdem ich die Struktur des zweten Magens beſchrieben haben werde.

§. 8.

Der ſehr beſondere Bau des zweten Magens war der vorzügliche Bewegungsgrund, daß ich mich einer Beſchreibung der Lernea unterzog. Denn indem ich, in Gegenwart des berühmten Aſcanius, dieſelbe zuerſt zerſchnitt, ſo zog die äußere Geſtalt des zweten Magens unſere größte Aufmerkſamkeit auf ſich. Wir verwunderten uns noch mehr, da wir den Magen hart und ungleich fanden. Daher muthmaßten wir, daß die Lernea ſich von harter Speiſe nährete. Dieſe Muthmaßung wurde auch ſogleich beſtätiget, da wir die Seitenwände des Magens zerſchnitten, und das, womit er angefüllet war, hervortreten ſahen. Es waren Schnecken und Muſcheln von verſchiedener Art und Größe; außerdem knorpelartige, gelbliche und ungeſtalte Stücke, die wir beyde beym Anblicke für Knochen eines Fiſches hielten. Als ich aber hernach mit mehrerer Aufmerkſamkeit überlegte, daß der erwähnten Theile viele, und daß ſie alle auf gleiche Art gebildet wären, ſo zweifelte ich, daß dieſe Knorpel Knochen eines Fiſches wären, und ſchloß bey mir ſelbſt alſo:

Wenn

Wenn es Knochen eines andern Thieres wären, so müßte das ganze Thier von der Lernea verschlungen werden können, welches aber nicht geschehen kann, weil der Umfang eines solchen Thieres, wie ich leicht aus der Anzahl der Knorpel schließen konnte, die Weite des Mundes und der Speiseröhre weit übertreffen würde. Hierdurch aber wurde mein Zweifel noch gar nicht gehoben; denn es kann in der Natur ein Fisch, oder ein anderes Thier, vorhanden seyn, welches mit einem einzigen ähnlichen Knorpel versehen ist, und dessen Körper diesem Knorpel, seiner Größe nach, verhältnißmäßig gleich kommen, und folglich leichte von der Lernea verschlungen werden könnte. Denn daß einige Thiere nur mit einem Knochen versehen sind, beweisen: der Blackfisch, (Sepia,) [*] die Gartenschnecke, [**] und unsere Lernea, welche auch nur einen Knochen hat; wie unten weitläuftiger wird dargethan werden. Daß aber der Umfang eines solchen Thieres den Umfang seines Knochens nicht weit übertrift, lehret uns gleichfalls der Blackfisch. Daher habe ich beständig gezweifelt, und dieses um destomehr, je schwerer zu bestimmen war, was diese knorplichten Theile wohl anders seyn könnten, wenn sie nicht Fisch-Knochen wären? Als ich aber mehrere Lerneen zergliedert hatte, so habe ich auch ihre Därme besehen. Da ich nun keine Spur von Schneckenschalen darinnen gefunden habe: so glaube ich, daß sie in dem zweeten Magen verdauet werden. Und als ich zugleich überlegte, daß in dem Munde der Lernea keine Zähne von der Natur gestellet wären, um die Schneckgen zu verkleinern und abzureiben, kam ich auf die Gedanken, daß diese knorplichten Theile vielleicht anstatt so vieler Zähne in dem Magen wären.

Diese neue Muthmaßung wurde vermehrt, indem ich in einiger Lerneen Magen nicht eine einzige Schnecke und Muschel, in allen aber eine gewisse und eben dieselbe Anzahl erwähnter Knorpel fand. Damit ich also in dieser Sache Gewißheit erlangen möchte, zerschnitt ich mit vieler Aufmerksamkeit und Behutsamkeit den zweeten Magen einer frischen Lernea, und fand zu hinlänglicher Ueberzeugung, daß die erwähnten knorplichten Theile in der innern Haut des Magens

*) Man sehe hiervon die Beschreibung des Hrn. Needhams in seinen Nouvelles Observations Microscopiques. à Paris. 1750. p. 21. seq. und dessen Uebersetzung durch Hrn. Goeze in der Berlin. Sammlung. VII. Band.
**) Den Knochen der Gartenschnecke beschreibt Lister de Cochleis. Lib. II. p. 127.

C

Magens angewachsen, und folglich eben so viel Zähne desselben wären. Die Gestalt und Lage derselben nebst dem Bau des zweiten Magens, will ich gleich bekannt machen.

§. 9.

Was die natürliche Lage dieses Magens in dem Körper der Lernea anbetrift, so liegt er unter dem ersten Magen, mit welchem er zusammen hängt, außerhalb des Ringes der Knoten.

Fig. 5.

Seine Figur stellt einen sechs Linien breiten abnehmenden Ring g. vor, welcher einem Ringe, wie ihn die Schneider gewöhnlich gebrauchen, gleichet. Die ringförmigen starken und rothen Muskel-Fasern machen fast die ganze Substanz des Magens aus, welche von einer zarten durchsichtigen Haut außen herum umgeben, inwendig aber von einer andern festen und fast schnichten Haut bedeckt werden.

Fig. 6.

Wenn man den Magen nach der Länge durchschneidet, so siehet man drey Ordnungen von knorplichten Zähnen, davon die erste a. die kleinern Zähne, die mittlere oder zwote Ordnung b. die größern Zähne, welche in abwechselnden Reihen gesetzt sind, enthält; in der dritten Ordnung stehen die kleinsten Zähne c.

Fig. 7.

Die großen und kleinern Zähne haben einerley Gestalt, und sie stellen einigermaßen die Haacke vor, deren rautenförmige und etwas erhabene Grundfläche, zwischen dem kleinen Winkel, mit einer Rinne (Semicanalis) versehen ist und einen gekerbten Rand hat. In die Kerbe und Rinne der Grundfläche tritt ein Theil der schnichten Haut, welche die innere Seite des Magens auskleidet und jeden Zahn einigermaßen befestiget. Ich sage einigermaßen, weil die Zähne in dieser Haut nicht sehr fest sitzen, sondern durch die gelindeste Berührung leicht aus ihr fallen. Diese geringe Befestigung der Zähne war die Ursache, daß ich sie erstlich für fremde Körper hielt, welche nicht zu dem Magen der Lernea gehörten. Denn so oft ich demselben auswendig etwas derb berühret hatte, fand ich immer, nach geöfnetem Magen, die Zähne von der Seitenwand abgesondert. Ob aber gleich alle Zähne in die innere Haut des Magens nur obenhin befestiget

wer-

werden, so drücken sie doch eine Grube in dieselbe, welche der Gestalt der Grundfläche vollkommen entspricht.

In der Spitze oder dem spitzigern Theile des großen Zahns sind zwo Vertiefungen b. ausgehöhlt, zwischen welchen eine scharfe schneidende Erhabenheit e.
aufsteigt. Der stumpfe oder kürzere Theil der Spitze biegt sich ein wenig gegen
den vordern Theil des Zahns, und stellt einigermaßen den lateinischen Buchsta-
ben Z. vor.

Von größern Zähnen, welche den mittlern Ort einnehmen, zählt man gemeiniglich siebenzehn; von den kleinern, oder denen aus der ersten Ordnung,
über zwanzig.

Fig. 8.

Die kleinsten Zähne sind von beyden Seiten zusammengedrückt und haben
eine breite Grundfläche, aus deren Mitte sich eine Spitze, oder ein kleiner Griffel, so erhebt, daß ihre Gestalt, wenn man sie mit einer bekannten Sache vergleichen darf, denjenigen Fläschgen, worinnen man in Venedig den Epperwein
aufzuheben pflegt, nicht unähnlich ist. Dieser Zähne sind dreyßig an der Anzahl.
In einigen Lerneen fehlt die dritte Ordnung der Zähne ganz, welche sonst in dem
untern Theil des Magens liegt. Ob dieser Mangel der Zähne als eine natürliche Abänderung anzusehen sey; oder ob die Zähngen durch den täglichen Gebrauch ausgerissen und durch die Därme abgeführet werden? ist schwer zu bestimmen, weil alles beydes wahrscheinlich ist. Die ersteren Ordnungen der Zähne sind nach einem festen Gesetze der Natur in dem zweeten Magen aller Lerneen,
und zwar so gestellt, daß ihre Spitzen, wenn sich der Magen in einen kleinen
Ring zusammen zieht, einander berühren, und daß ihre Seiten wechselsweise an
einander kommen. Daher werden die von der Lernea verschlungenen kleinen
Schnecken und Muscheln nothwendig von diesen feste an einander gebrachten Seiten zerknirscht, zerbrochen, verkleinert, und in ein sehr feines Pulver zerrieben.

Nachdem ich die sonderbare Beschaffenheit des zweeten Magens der Lernea,
welche in keinem andern Thiere angetroffen wird, aus einander gesetzt habe: so
ist schon die Ursache, welche ich anzugeben versprochen habe, warum die genommenen Nahrungsmittel sehr schnell aus dem ersten Magen in den andern übergehen, deutlich. Denn weil in dem Munde der Lernea keine Zähne sind, und sie

ſich von kleinen, harten und ſpitzigen Schraubeſchnecken (Turbinibus) und
ſchmalbäuchigen Kinkhörnern (Strombis) nährt, ſo war es nothwendig, daß
dieſe Nahrung geſchwind in den andern Magen, welcher mit Zähnen verſehen
war, übergieng, damit ſie nicht, wenn ſie ſich zu lange in dem erſten aufhalten
würden, ſeine Wände verletzen und durchbohren möchten. Warum aber der
Schöpfer bey dieſem Thiere die Zähne in den Magen und nicht in den Mund,
Gaumen oder Schlund, wie bey den andern Thieren geſetzt habe? davon mögen
diejenigen die Urſache angeben, welche die Abſichten des Allmächtigen in allem er‐
rathen wollen. Ich aber bin, mit dem Cicero zu reden, mit dem zufrieden, daß
ich weis, was geſchehe, wenn ich auch nicht weis, warum es ſo geſchehe.*)
Wenn ich aber eine Urſache dieſer beſondern Organiſation angeben ſollte, ſo gefiele
mir dieſe vor allen andern: daß, weil eine ſo große Anzahl Zähne im Munde und
Schlunde nicht Platz gehabt hätte, ſie hier im Magen hätte müſſen geſtellt wer‐
den. Da aber der erſte Magen, eben ſowohl als der zweete, zu dieſer Abſicht hätte
können angewendet werden, ſo bleibet noch die einzige, und auch gewiſſeſte Ur‐
ſache von dieſem und anderer Körper beſonderm Bau übrig, daß es dem großen
Schöpfer, denſelben ſo zu ſchaffen, um ſeine Allmacht zu zeigen, gefallen habe.

§. 10.

Nach dem zweeten Magen folgt unmittelbar der Zwölffingerdarm h. Die‐
ſen nenne ich nicht deswegen ſo, weil er zwölf Finger lang iſt, denn er iſt viel
kürzer; ſondern weil er mit dem Zwölffingerdarme der vierfüßigen Thiere eini‐
germaßen übereinzukommen ſcheint. Denn was ſeine Länge anbetrift, ſo iſt ſie
acht Linien, und die Breite, nahe bey dem andern Magen fünf Linien, welche
nach und nach, um die Leber einzuwickeln, abnimmt. Nach dieſem Darme ſol‐
gen die übrigen, welche, in verſchiedene Krümmungen verwickelt, ſich endlich in
den Maſtdarm und After endigen. Oder, welches eben ſo viel iſt, der Darm,
welcher aus dem zweeten Magen entſtehet, verwickelt ſich in verſchiedene Krüm‐
mungen zwiſchen der Subſtanz der Leber, und endiget ſich endlich in den After.
Wenn nun alle Därme behutſam von der Leber getrennet werden, ſo ſind ſie
ſieben bis acht Zoll lang. Der Bau derſelben iſt einerley und dem erſten Magen
ähn‐

*) Cic. de Divin. L. I. p. 147. edit. Patav. Hoc ſum contentus, quod etiamſi, quo‐
modo quidque fiat, ignorem, quid fiat intelligo.

ähnlich, nämlich häutig, durchsichtig, und ihre Fasern sind so fest unter einander verwickelt, daß ihre Richtung nicht einmal durch Hülfe des Vergrößerungsglases kann unterschieden werden.

§. 11.

Die Leber, welche alle Krümmungen der Därme begleitet, wird fast in so viel Lappen getheilt, als die Därme Krümmungen machen, und ist von einem so großen Umfange, daß sie die Größe aller Eingeweide zusammen genommen leicht erreicht. Auswendig wird dieselbe von einer sehr dünnen Haut oder dem Bauchfell überzogen, welches in ihre Hölen und Zertheilungen zum Theil mit hinunter steigt. Die Leber hat eine grünliche-braune Farbe, und ist aus unendlich vielen Drüsenartigen Körnern zusammengesetzt. Diese Drüsen sind von sehr feinen Gefäßen überall umgeben und durchdrungen. Keine Gallenblase ist in derselben. Ob aber Gallengänge aus der Leber selbst, wie bey dem Geschlecht der Schnecken*) unmittelbar in die Gedärme hindringen, habe ich nicht bemerken können. Unterdessen zweifle ich ganz und gar nicht, daß sich die Sache so verhalte, sowohl weil sich unendlich viele grüne Aestgen aus der Leber in die Därme endigen, welche nichts anders, als Gallengänge, sind, wie wenigstens ihre Farbe anzeigt, als auch, weil der Unrath in den Därmen grün gefärbt ist, welcher diese Farbe ohne Zweifel von einem Theile der Galle erhält. Der Geschmack der Leber ist bitter, und bitterer, als der, welcher in der Gartenschnecke (Cochlea vinearum) gefunden wird.

§. 12.

Jede Lernea hat sowohl die männlichen als die weiblichen Geburtsglieder. Sie liegen in derselben Höhle des Unterleibes, in welcher gleich erwähnte Eingeweide befindlich sind. Sie sind nicht auf dieselbe Art vereinigt wie in der Schnecke, sondern die männlichen liegen zum Theil von den weiblichen entfernt, wie z. B. die männliche Ruthe; theils aber, wie der Geile und der Saamengang, mit einander vereiniget.

Die Mutterscheide, deren Oefnung 2. auf der rechten Seite, außerhalb dem Körper der Lernea, sichtbar ist, krümmet sich innerhalb des Körpers derselben

C 3 ben

*) Swammerdams Bibel der Natur, Seite 54. 5te Taf. 6te Fig. der deutsch. Uebersetzung, Leipz. 1752. fol.

ben in einen spißigen Winkel b. hernach aber geht sie in einer geraden Linie c.
fort, und biegt sich, ehe sie in die Gebärmutter gehet, in einen stumpfen Winkel d. Der größte Theil von ihr ist runzelicht und mit verschiedenen Einschnitten,
wie eine Raupe, versehen. Von der äußern Oefnung an, bis da, wo sie in die
Gebärmutter tritt, ist sie, die Winkel ausgenommen, einen Zoll lang, drey Linien aber ist ihre größte Breite. Der Farbe nach spielt sie theils ins gelbe, theils
ins rothe. Diese Verschiedenheit der Farbe hängt von dem Unterschiede ihres
Gewebes ab. Denn die eine Hälfte der Mutterscheide besteht aus einer gelben,
dicken, starken, in- und auswendig glatten Haut; der andere halbe rothe Theil e.
aber ist fleischicht und dünsicht. Diese beyden Theile sind auf das festeste und
auf eine ganz besondere Art unter einander verwickelt; doch kann man die kör-
nige Gestalt der Drüsen leichte von dem geraden Fortgange der Muskel-Fasern
unterschelden, und diese Verwickelung und Verbindung ist die Ursache, warum
der eine Theil dieser Mutterscheide stets runzelicht bleibt, wenn auch die Mutterscheide selbst ausgedehnet wird. Hier muß ich gestehen, daß ich lange gemuth-
maßt habe, was dieser schöne Theil und das an ihm hängende Eingeweide seyn
möchte? Endlich als ich mit mehrerer Aufmerksamkeit alle äußern Theile der
Lernea in Augenschein nahm, so kam ich ganz unvermuthet auf das Loch, welches
an dem untersten Ende des Einschnittes lag, in welches ich, nachdem ich es entdeckt hatte, einen ziemlich starken Griffel brachte, welcher ganz leichte durch die
ganze Mutterscheide gieng, und auch in einen Theil des beyliegenden Eingeweid-
des trat. Hierauf sahe ich, ohne allem weitern Zweifel, ein, daß das benannte
Eingeweide, welches ich sonst fälschlich für das Gehirn gehalten hatte, die Gebärmutter, der Kanal aber, in welchen der Griffel ganz leichte gieng, die Mutterscheide sey.

§. 13.

Die Gebärmutter der Lernea f. ist ein Eingeweide, welches eine zusam-
mengedrückte, abgestumpfte Kugel vorstelle, mit seinem erhabenen Theile unter
den Därmen und in der Leber verborgen liegt, an seiner abgestumpften Seite
aber mit der Mutterscheide verbunden ist. Das Gewebe derselben ist dem Gehirne anderer Thiere nicht ganz unähnlich, es ist so zart, wie das Mark, in Bogen
abgesondert, oder vielmehr mit weißen kleinen Röhren g. g. umgeben. Diese
markige

markige Beschaffenheit brachte mich vorzüglich auf den Gedanken, daß ich, wie ich oben erinnert habe, die Gebärmutter für das Gehirn hielt. Es ist also die Gebärmutter der Lernea ganz anders, als bey andern Thieren, gebildet; denn bey diesen ist sie größtentheils hohl und bestehet aus starken Muskel-Fasern und festen Häuten, in der Lernea aber ist die markige Substanz von außen mit einer feinen Haut umgeben, und diese erfüllt die ganze Gebärmutter und läßt keine besondere Höhlung übrig, außer den hohlen Röhren, welche man auswendig sieht. Es scheinen zwar, nach der verschiedenen Lage der Gebärmutter, mehrere dieser Röhrgen da zu seyn; wenn man aber den Anfang der Röhre h. welcher beym Eintritte in die Mutterscheide sichtbar ist, um den ganzen Umfang der Gebärmutter genau betrachtet, so siehet man, daß es nur eine einzige Röhre ist, die in verschiedene Krümmungen gebogen wird. Die Farbe der Gebärmutter ist gelb, die gekrümmte Röhre ausgenommen, welche, wie ich vorher angemerket habe, weißlich ist. Der Durchmesser des breiten Theiles der Gebärmutter ist fünf Linien, an dem zusammengedrückten Theile aber drey und eine halbe Linie. Die Länge von der erhabenen bis zur abgestumpften Seite beträgt sechs Linien.

§. 14.

Fast in der Mitte des Körpers der Lernea liegt der kugelförmige röthlich graue Eyerstock i. welcher mit einer sehr dünnen durchsichtigen Haut bedeckt wird. Wenn man diese aufgeschnitten hat, so treten unzählig viel braune, längliche, in einem grünlichten Safte schwimmende Körpergen von verschiedener Größe hervor, deren größtes höchstens ohngefähr eine Linie lang ist; der Durchmesser des Eyerstocks selbst aber ist vier Linien. Von dem Eyerstock an entstehet ein dünnes Röhrgen k. welches fünf Linien lang ist, und öfnet sich, da es in der Queere liegt, in die spitzige Ecke der Mutterscheide; und zwar so, daß der Gang aus dem Eyerstocke in die Mutterscheide und Gebärmutter offen ist, nicht aber aus den letzten Theilen wieder zurück in den Eyerstock und seinen Gang. Dieses habe ich mit vielem Vergnügen auf folgende Art erfahren: Ich drückte den Eyerstock mit den Fingern ganz gelinde, und plötzlich stiegen viele von den erwähnten braunen Körpergen aus demselben in die Mutterscheide, und von da in die weißliche Röhre der Gebärmutter, und ihre Krümmungen. Als ich aber auf gleiche Art die Gebärmutter wiederum drückte, so giengen zwar diese Körper-

gen

gen in die Mutterscheibe wieder zurück, aber aus dieser konnten sie nicht in den Gang des Eyerstocks gebracht werden. Es ist also der Eintritt des Eyerstocks=ganges in die Mutterscheibe demjenigen nicht unähnlich, welcher bey den Milch=gefäßen in den Därmen der vierfüßigen Thiere gefunden wird.

§. 15.

Ich werde jetzt von den innern männlichen Geburtsgliedern, die sich mit den weiblichen wechselsweise vereinigen, reden. Diese aber sind: Ein herzför=miges Eingeweide und schlänglichte Gefäße.

Fig. 10.

Das herzförmige Eingeweide x. liegt an dem untern Theile der Därme und der Leber, mit der es verbunden wird, und zwar so, daß es gleich, nachdem man den Unterleib aufgeschnitten hat, §. 4. sichtbar ist. Es ist von der Grundfläche bis zur Spitze einen Zoll und etliche Linien lang. Die Breite der Grundfläche beträgt selten mehr, als acht Linien. Die Grundfläche ist kaum vier Linien dicke und nimmt, gegen die Spitze zu, ab. In einigen Lerneen ist es gelb, in andern aber roth oder purpurfarben. In der Mitte der Grundfläche trift man ein wei=tes grünlichtes Gefäß an, welches sich in verschiedene und ganz kleine Aeste, die man auf der Oberfläche sehen kann, theilt, und in das Innere des Eingeweides hineindringet. Auf der linken Seite liegt der Mastdarm auf demselben, und öfnet sich darnach gleich in den After.

Fast in der Mitte des herzförmigen Eingeweides fängt ein schlänglicht lau=fendes weißlichtes Gefäß d. an, welches erstlich dünne ist und nach einer geraden Linie fortgeht, nach und nach dicker wird, hernach in acht Lagen e. auf beyden Seiten zusammengezogen wird, auch auf der linken Seite der Gebärmutter eine Kugel f. bildet, und sich mit einer kleinen Mündung in die Gebärmutter öfnet. Es bestehet diese, den Nebengeilen in Menschen, so ähnliche Röhre aus einer fei=nen Haut, welche einen zarten milchigten Brey in sich faßt, welcher auch oben in dem herzförmigen Eingeweide, doch etwas dichter, bemerket wird.

§. 16.

In der Gartenschnecke, an deren Fuß ein Deckel befestiget ist, findet man diesen nicht unähnliche Theile, welche auch dieselbe Lage haben, so, daß das herzför=mige Eingeweide mit dem untersten Theile der Leber verbunden ist, die kriechende

Röhre

Röhre aber in die Gebärmutter sich öfnet. Eine schöne Abbildung von beyden giebt uns Swammerdam*) und nennt diese kriechende Röhre das krause Gefäß, welches von demselben Bau wäre, als wie die Nebengeile in den Menschen und vierfüßigen Thieren. Das herzförmige Eingeweide aber beschreibt er unter dem Namen eines länglichtrunden und zusammengehenden Theils, und gesteht zugleich, daß er den Nutzen dieses krausen Gefäßes, und dieses zusammengehenden Theils, nicht wisse. Ich getraue mir aber doch die Verrichtung dieser Theile in der Lernea zu bestimmen. Das herzförmige Eingeweide vertritt die Stelle der Geilen, das kriechende Gefäß aber der Nebengeilen, und leistet dieselben Geschäfte. Es ist zwar die Lage dieser Theile ganz besonders, indem die Geilen bey der Gebärmutter, nicht aber bey der männlichen Ruthe liegen, und eher in diese als in die männliche Ruthe den Saamen auslassen. Daß aber der Schöpfer aller Dinge diese Theile so, und nicht anders, habe zusammenlegen und wechselsweise mit einander verbinden wollen, will ich balde darthun, nachdem ich den Bau der männlichen Ruthe werde erklärt haben.

§. 17.

Wenn die Lernea nach der Länge des Unterleibes geöfnet wird, so liegt diese auf der linken Seite des Schlundes; auf der rechten aber, wenn die Lernea ihrer Natur nach auf dem Bauche oder Fuße ruhet, gleichwie an dem Halse das Loch, wodurch die männliche Ruthe zur Zeit der Begattung heraus geht, Taf. 1. Fig. 1. ausgedrückt ist. Man bemerkt an ihr dreyerley Theile, die Muskeln, die Scheide, und endlich die männliche Ruthe selbst.

Fig. 11.

Zwey starke weiße Muskeln a. a. welche fast sehnenartig sind, sind so feste an der innern rechten Seite des Halses angeheftet, daß ein Raum von fünf Linien zwischen dem Ende beyder Bänder ist. Von diesen wird gleich von ihrer Entstehung an, welche ein wenig unter der männlichen Ruthe selbst ist, indem sie in die Höhe steigen, die Grundfläche der Scheide umgeben, und sie machen, indem sie ihren Hals verfolgen, einen netzförmigen Beutel. Dieser muskulöse Beutel verrichtet das, was in den Menschen die Fleischhaut der Geilen

bey

_____
*) In der Bibl der Natur, 51e Taf. 10te Fig. L 2. Seite 57.

D

verrichtet, und es scheinen diese beyden erwähnten Muskeln nach und nach in kleinere getheilt, und, durch eine starke Haut unterstützt, gleichsam in ein Netz vertheilt zu werden.

Die Scheide der männlichen Ruthe c. bestehet aus einer starken muskulösen Fig. 12.
Haut, welche auswendig glatt, inwendig theils glatt a. theils aber auch, nämlich nahe an der Grundfläche, von unendlich vielen erhabenen Körnergen b. rauch ist. Diese gelblichten Körnergen sind eben so viel Drüsen, welche einen schleimigten Saft abscheiden. Der glatte Theil der Scheide ist braunlicht schwarz.

Die männliche Ruthe liegt in der Scheide zusammengedrehet verborgen, Fig. 11.
und in diesem natürlichen Zustande stellt sie den Geilen d. vor. Außerhalb der Fig. 12.
Scheide ist sie einem fleischigten dichten Zünglein c. ähnlich, welches braun ge-färbt, und mit einer spitzigen, gelben, glänzenden Spitze versehen ist. Sie ist vierzehn Linien lang, und sieben, wenn sie in die Scheide zurückgezogen wird. Hieraus erhellet, daß sie aus verschiedenem Muskeln zusammengesetzt sey, welche so locker mit einander verbunden sind, daß die männliche Ruthe bis zur Hälfte ihrer Länge zusammengezogen und wieder verlängert werden kann. Jedoch kann diese lockere Verbindung der Muskeln weder mit bloßen Augen, noch durch das Vergrößerungsglas bemerkt werden, sondern sie scheinet dichte und feste, wie ich oben erinnert habe. Der muskelartige Theil der männlichen Ruthe ist mit kei-ner Harnröhre versehen, sondern in derselben stumpfen Theile, welcher in zwo Lippen gleichsam getheilet ist, wird eine halbe Röhre oder Rinne gebildet, welche Fig. 13.
von der Grundfläche a. der männlichen Ruthe anfängt, und kurz vor der Spitze derselben b. aufhört. Die gleich erwähnte Rinne findet man niemals offen, denn die linke Lippe, welche in sich selbst verwickelt ist, wird von der rechten be-deckt, und durch beyde wird die Höhle der Rinne verschlossen.
Fig. 14.
Sowohl den stumpfen Theil der männlichen Ruthe a. als auch den spitzi-gen b. wie auch die Bildung der Rinne c. siehet man alsdenn am allerbesten, wenn die männliche Ruthe der Quere durchschnitten wird.

Die

Die männliche Ruthe ist mit einer ganz besondern Eigenschaft begabt. Wenn nämlich eine Lernea einen ganzen Tag und wohl noch länger todt ist, so, daß weder das Herz, vielweniger ein anderer Theil sich mehr bewegen kann, so bleibt die Bewegung doch noch in dieser, und, welches noch mehr zu bewundern ist, wenn sie aus dem todten Körper herausgenommen wird, so zieht sie sich bey jeder Berührung zusammen, und diese zusammenziehende Bewegung wiederholt sie auch eine viertel Stunde lang und wohl noch drüber. Wiederum ein neues Beyspiel der Reizbarkeit!

§. 18.

Ich habe niemals bemerken können, wie sich die Lerneen begatten, ob ich gleich, viele Tage lang, viere oder fünfe zugleich in einem von Meerwasser vollen Gefäße gehalten habe. Aus der Lage der äußern Geburtsglieder aber, schlüsse ich, daß sie sich folgendermaßen begatten: Daß z. B. die Lernea A. mit ihrem Kopfe bis zur mittlern und rechten Seite der Lernea B. wo die Scheide ihre Lage hat, sich nähert, und die männliche Ruthe in die Scheide hinein läßt. Der männlichen Ruthe von der Lernea B. aber bietet die erstere A. ihre Scheide an. Hierdurch ist der Kopf beyder Lerneen einander entgegengesetzt und die rechte Seite sehr fest an einander angedrückt, so wie es bey den Schnecken geschieht; doch mit diesem Unterschiede, daß die Schnecken sich mit aufgerichteten Kopfe und Halse, die Lerneen aber mit vorgestrecktem Körper begatten. Denn da in den Lerneen die männlichen Geburtsglieder von den weiblichen weiter als bey den Schnecken entfernt sind, so ist es fast nicht möglich, daß sich ihr Kopf erheben kann.

Aus dem Bau der Geburtsglieder in Ansehung ihrer innern Lage, und auch aus der Vergleichung mit dem Zeugungsgeschäfte anderer Thiere ist zu bestimmen, was dieselben zu der Fortpflanzung der Lernea beytragen. Die Zeugung bey andern Thieren ist bekanntermaßen nach Verschiedenheit der Thiere auch verschieden. So befruchtet das Männgen des Tagthiergens (Ephemerae) die Eyergen erst außerhalb der Gebärmutter des Weibgens. *) Der Frosch bespritzt die Eyergen mit Saamen, indem sie aus der Gebärmutter hervorgehen. **) Die

D 2 vier-

---

*) Swammerdams Bibel der Natur, Seite 100. u. f.
**) S. ebendaselbst, Seite 318. u. f. Insektern kann man die vollkommene Naturgeschichte

vierfüßigen Thiere befeuchten die Eyer, welche in den Eyerstöcken verborgen liegen. Bey der Lernea aber wird, auf eine ihr vielleicht eigene Art, der männliche Saame, den Eyergen, nachdem sie in die Gebärmutter gekommen sind, beygemischt. Diese vierfache Art der Zeugung, diejenige ausgenommen, welche man
in den Zoophyten bemerkt, kommt darinnen mit einander überein, daß der Saame, die Eyer zu befeuchten, nothwendig ist. Doch wird dieser von den erwähnten Thieren nicht durch einerley Gänge ausgeleert, denn bey den meisten geschieht
dieses durch die männliche Ruthe. Daß er aber von der Lernea auf eine andere
Art in die Gebärmutter geleitet werde, zeigt der Bau ihrer männlichen Ruthe.
Denn diese liegt, wie ich vorher erinnert habe, in der rechten Seite des Halses
ohne Geilen und Saamenbläschen, als woher sie den Saamen bekommen mußte.
Außerdem hat sie auch keine Harnröhre, durch deren Vermittelung der Saame
könnte herausgelassen werden. Daher erhellet, daß bey der Begattung der Lernea der Saame nicht aus der männlichen Ruthe herausfließt. Man könnte
aber fragen, wie die Befruchtung der Lernea geschehen könne? Indem zu derselben Saamen nothwendig erfordert und doch in der Lernea keiner aus der
männlichen Ruthe, als dem gewöhnlichen Saamenwege, herausgelassen wird.
Oder man könnte leugnen, daß das Zünglein §. 17. die männliche Ruthe sey. Allein
es ist kein Zweifel, daß dieses Zünglein die männliche Ruthe sey, weil kein anderer
Theil in dem ganzen Körper der Lernea vorkömmt, welcher entweder die Gestalt
der männlichen Ruthe hätte, oder dessen Geschäfte verrichten könnte. Jetzt aber
will ich über die Art der Befruchtung bey diesem besondern Thiere, da die männliche Ruthe so beschaffen ist, meine Gedanken eröfnen.

Indem die Lerneen, welche Zwitter-Thiere sind, sich wechselsweise begatten und die männlichen Ruthen in den Scheiden aufgeschwollen sind, so werden
die Muskeln der Lippen, welche die Wände der Rinne ausmachen, durch die
Brunst heftig zusammen gezogen, richten die Lippen in die Höhe, und machen,
daß sie von einander klaffen. Daher ist die Rinne, welche sonst gar nicht bemerkt
wird,

schichte der Frösche, in dem kostbarn Buche des berühmten Künstlers Roesels,
unter dem Titel: „Natürliche Historie der Frösche hiesigen Landes." Das wesentliche davon hat Hr. Müller gesammlet, und in seiner Erklärung des Linne'ischen
Systems III. Theil, Seite 48. u. f. angeführt.

wird, alsdenn offen, und die Eyergen können nun aus dem Eyerstocke in die
Gebärmutter frey übergehen. Wenn die Eyergen in die Gebärmutter herab-
geschlüpft sind, so verursacht die männliche Ruthe durch wiederholte stoßende
Bewegungen, daß sich die Gebärmutter und die neben ihr liegende zusammenge-
drehete Röhre, oder der Nebengeile oft zusammenziehen, der Saame wird aus
den Saamenbläsgen, oder, wenn man es für besser hält, aus der herzförmigen
Geile durch die Nebengeile in die Gebärmutter gebracht, und befruchtet daselbst
die in der milchfarbenen Röhre befindlichen Eyergen, welche durch die Rinne
der Ruthe herabgestiegen waren.

Hieraus erhellet, wie ich hoffe, deutlich, daß deswegen die Geilen mit den
Nebengeilen neben der Gebärmutter, nicht aber neben der männlichen Ruthe
liegen, damit der Saame, welcher durch die unwegsame Ruthe nicht hätte ausgeworfen werden können, unmittelbar aus den Nebengeilen herausfließen und
mit den Eyergen in der Gebärmutter könne vermischt werden. Die männliche
Ruthe aber ist nicht völlig dichte, sondern sie hat eine Rinne: damit die Eyergen bey der Begattung selbst durch dieselbe steigen könnten. Denn wenn sie ganz
dichte gewesen, oder mit einer Harnröhre versehen wäre, so erfüllte sie im ersten
Falle die ganze Scheide, und verhinderte die Eyergen, in die Gebärmutter zu
steigen, oder die Eyergen würden alsdenn erst in die Gebärmutter gebracht werden, wenn die Ruthe herausgezogen wäre und die Brunst nachgelassen hätte.
Es ist aber ungewiß, ob sie alsdenn hätten können befruchtet werden: denn bey
den übrigen Arten der Befruchtung, die durch Hülfe des Saamens geschehen,
muß der Saame brennend und geistig den Eyergen beygemischt werden. Die
Größe des Schlundes, welcher den ganzen Raum des Halses, wo die Ruthe
liegt, einnimmt, scheint endlich die Ursache zu seyn, warum der Geile mit dem
Nebengeile nicht nahe an der Ruthe liegt.

Man siehet hieraus, wie verschieden die Werkzeuge, die zur Erhaltung des
Geschlechts erfodert werden, in den Thieren sind, wie vortreflich und vielfach die
Natur sey, eine und eben dieselbe Wirkung hervorzubringen.

§. 19.
Fig. 15.

Das letzte Eingeweide, welches in der Höhle des Unterleibes betrachtet zu
werden verdient, ist die nierenförmige Drüse, welche nach dem Malpigh, mit

größ-

größtem Rechte, zu den vielköenichten gerechnet werden muß. Die gemeinſchaftliche und dünne Haut enthält mehrere birnförmige Bläsgen, welche weißliche
Fig. 16.
aſchengrau ſind, und ſo liegen, daß der ſtumpfe Theil derſelben a. die äußere
Fläche der Drüſe einnimmt, der enge Theil oder der Hals aber b. gegen das Innere des Bläsgen liegt. Ein jedes Bläsgen hat, wie ich muthmaße, eine Abzugsröhre, aus welcher ein milchartiger Saft in die allgemeine Röhre tröpfelt;
der gemeinſchaftliche Gang aber öfnet ſich ein wenig unter der Scheide, und läßt
den aufgenommenen Saft aus dem Körper. Ich bekenne aufrichtig, daß ich
nur in einer einzigen Lernea den Ausgang des gemeinſchaftlichen Ganges gefunden habe. Jedoch zweifle ich nicht, daß derſelbe in andern da ſeyn ſollte, weil
alle Lerneen, in denen die erwähnte Drüſe eben dieſelbe Lage hat, wenn ſie ſtär-
ker berührt werden, einen milchartigen Saft herauslaſſen, welcher gewiß nicht
herausfließen könnte, wenn ſich nicht ein gemeinſchaftlicher Gang außerhalb des
Körpers öfnete. Die Urſache, warum ich, aller angewandten Mühe ohnerachtet,
in den andern die Oefnung oder die gemeinſchaftliche Abzugsröhre nicht habe ſehen können, iſt, weil ſie alle kleiner waren; dieſe aber war die größte, und ſowohl
die Drüſe, als alle Eingeweide waren größer, folglich auch der Ausgang des gemeinſchaftlichen Ganges weiter und mehr ſichtbar. Der Saft, welchen die jetzt
eben beſchriebene Drüſe abſcheidet, iſt giftig, und ſie kann daher mit Recht die
giftführende Drüſe genennet werden. Wie ich aber die giftige Beſchaffenheit
dieſes Saftes erfahren habe, will ich erzählen, nachdem ich dasjenige werde angeführet haben, was andere Schriftſteller von der Lernea ſagen.

§. 20.

Alle beſchriebene Eingeweide liegen in der einen Höhle des Unterleibes;
eine andere Höhle aber kömmt faſt in der Mitte des Körpers der Lernea, doch
nicht eher, zum Vorſchein, als bis die Scheidewand derſelben, welche von der
innern Wand des fädichten Weſens gebildet wird, weggenommen wird. In
dieſer Höhle liegt außer dem Herze kein anderes Eingeweide, daher iſt dieſe andre
Höhle viel enger, als die erſtere Höhle des Unterleibes, und nicht viel größer, als
das Herz ſelbſt. Die entgegengeſetzte Wand dieſer Höhle bildet die innere Haut,
welche das ſchneckenförmige Bein umkleidet, daher iſt die Geſtalt der andern
Höhle

Höhle auf der einen Seite erhaben, auf der andern flach, weil der ausgehöhlte Theil des Knochens dem Herze gegen über gestellt ist.

Das Herz stellt einen hohlen pyramidenförmigen Muskel vor, liegt wagerecht in dem Körper, oder vielmehr in der andern Höhle der Lernea, und ist mit

Fig. 17.

einem doppelten Gefäße versehen; davon das eine a. sich an der Grundfläche des Herzens endiget, das andere b. aber aus der Spitze desselben entsteht. Weil ich das Herz einen pyramidenförmigen Muskel genennet habe, so ist hieraus klar, daß desselben Gewebe muskelartig sey. Aber man muß dennoch bemerken, daß es von dem muskelartigen Gewebe des Herzens bey andern Thieren sehr verschieden sey. Denn die Fasern in den Herzen der Lernea sind nicht so dichte, und auch nicht so sehr roth, wie in den Herzen anderer Thiere, sondern sie stellen durch ihre Verwickelung mehr eine starke, runzelichte, blasrothe Haut vor.

Fig. 18.

Diese Haut, welche in einen hohlen Kegel zusammengewickelt ist, wird inwendig durch verschiedene fleischichte Fasern und Säulgen gestützt; daher ist nur eine einzige Herzkammer in den Herzen der Lernea,*) welche in der Grundfläche

Fig. 19.

und Spitze, um die Gefäße aufzunehmen, durchbohret ist a. b. Der Umfang des ganzen Herzens ist, nach der Verschiedenheit und Größe der Lerneen, verschieden,

---

*) Es ist bekannt, daß der Ritter Linné, und mit ihm andere, das Herz mit einer Kammer als eine Eigenschaft der Insekten und Würmer angenommen haben. Allein bis jetzt ist dieses durch die Erfahrung noch nicht genung bewiesen, indem nur von sehr wenigen Würmern die innern Theile so genau beschrieben sind, als wie unser Verf. thut. Außer dem, was Swammerdam, Lyonet, Roesel, O. Fr. Müller gethan haben, ist noch fast der größte Theil dieser kleinen Thiergen zu untersuchen. Und diese Bemerkungen zeigen schon deutlich, wie sehr auch in den bekannten die Gestalt des Herzens verschieden sey. Ja es merket sogar Swammerdam schon an, daß das Herz der Schnecke außer der Herzkammer, noch eine häutige Vorkammer habe, welche durch einige Klappen von der Herzkammer geschieden wird. S. Bibel der Natur, Seite 52. u. folgende. Wie sehr muß nicht noch der Bau des Herzens bey denen noch nicht untersuchten Thiergen verschieden seyn!

den, in der gegenwärtigen war es fünf Linien lang, und die Grundfläche vier
Linien breit. Von den Gefäßen des Herzens ſteigt eines in die Höhe, das andere herab. Das in die Höhe ſteigende Gefäß a. ſteigt, nachdem es aus der
Höhle, welche das Herz in ſich hält, herausgegangen iſt, geradeswegs neben dem
Rücken der Lernea herauf und tritt zwiſchen der Falte des erſten Magens hervor,
und hört, nachdem es unter dem Ringe der Knoten durchgegangen iſt, in der
Grundfläche des Schlundes, ein wenig über der Speicheldrüſe, auf. Das herabſteigende Gefäß aber entſteht aus eben der Höhle, giebt einen Aſt den Lungen,
mit den andern begiebt es ſich in die Leber, und giebt den Grilen einen großen
Aſt. Außer jetzt beſchriebenen Aeſten ſind keine andern in dieſem oder dem auf-
ſteigenden Gefäße zu entdecken, daher könnte der Zweifel entſtehen, ob dieſes gleich
beſchriebene Eingeweide das Herz, und dieſe runden Theile Gefäße genennt zu
werden verdienten. Allein, außerdem, daß ich keine andere dem Herze und den
Gefäßen ähnliche Theile in der Lernea gefunden habe, womit doch auch ſogar
das kleinſte Inſekt verſehen iſt, wie es durch den Fleiß der neueſten Weltweiſen
bekannt iſt, zeigen folgende Umſtände deutlich, daß ich beyde Theile recht benannt
habe. Denn die oben angegebenen Gefäße ſind hohle Röhren, welche einen
dicken weißlichten Saft führen, das Eingeweide aber, aus dem dieſe Gefäße hervortreten, wird, wenn die lebendige Lernea geöfnet iſt, wie das Herz in andern
Thieren von ſelbſt bald ausgedehnet, bald zuſammengezogen, und, was ſehr angenehm iſt, man bemerket zugleich die Bewegung des Saftes durch das aufſteigen-
de Gefäß. Ich kann aber nicht gewiß behaupten, welches von den erwähnten
Gefäßen die Verrichtung der Schlagader oder zurückführenden Ader habe. Doch
muthmaße ich, daß das untere und herabſteigende die Schlagader ſey, weil ſich
der andere Aſt davon in die Lungen verbreitet. Es iſt aber bekannt, daß die Lungen das Blut, welches aus dem Herze kommt, verdünnen, vertheilen, auf irgend
eine Art bearbeiten, und geſchickt machen, daß es hernach alle Theile des Körpers
frey durchlaufen, ſie nähren, und endlich dem Körper nützen kann.*) Folglich
　　　　　　　　　　　　　　　　　　　　　　　　　　　　　　　　ſcheint

*) Man kann dieſes billig hier als bekannt voraus ſetzen: ſo jemand aber theils von der
　　Wirkung der Lungen in der Bearbeitung des Bluts, oder in Anſehung der Verthei-
　　lung der Gefäße mehr Nachricht verlangt, der wird dieſelbe hinlänglich in des Hrn.
　　von Hallers Phyſiologie finden.

scheint nicht unwahrscheinlich zu seyn, daß die Lungen der Lernea eben dasselbe thun werden, und daß das herabsteigende Gefäß das Geschäfte der Schlagader verrichte. Und ob gleich in dem Fortlaufe des heraufsteigenden Gefäßes auch nicht der kleinste Ast sichtbar ist, so liegen doch mehrere um den Schlund verbreitet, gehen in den Schlund hinein, und theilen vermuthlich diesem größern heraufsteigenden Stamme ihren Saft, den sie in verschiedenen Theilen des Körpers gesammlet haben, mit, und schütten ihn endlich in das Herz. Folglich verrichtet das heraufsteigende Gefäß das Geschäfte einer zurückführenden Ader.

§. 21.

Wenn man das Herz herausgenommen hat, und alsdenn die entgegengesetzte Haut der andern Höhle, welche an Statt des Herzbeutels da ist, öfnet, so kömmt der stumpfe Theil oder der Rand des muschelförmigen Knochens in Augenschein, wodurch das Herz vorzüglich wider die äußern Beleidigungen vertheidiget wird. Dieser Knochen ist der einzige in dem Körper der Lernea. Wegen seiner Gestalt, nach welcher er die Schaale einer zweyschaligten Muschel vorstellt, will ich ihn den muschelförmigen nennen. Er ist, wie ich oben erwähnet habe, überall mit einer starken sadichten Haut, welche die allgemeinen Bedeckungen der Lernea ausmacht, überzogen, doch so, daß er ohne die geringste Gewalt kann herausgenommen werden. Auf der einen Seite ist er erhaben, auf der andern ausgehölt, und mit dem erhabenen Theile gegen die äußere Haut, mit dem ausgehölten aber gegen das Herz gerichtet. Die äußern Theile desselben können, mehrerer Deutlichkeit wegen, in den Rand, den Hübel und in den spitzigen Winkel getheilet werden. Der Rand (Fig. 20.) a. liegt gegen den Kopf zu, und bedeckt, wie ich kurz vorher gemeldet habe, das Herz; unter dem Hübel b. liegt der Mastdarm und der After verborgen; und der spitzige Winkel hat seine Lage auf der rechten Seite des Rückens; den übrigen hohlen Theil des Knochens aber erfüllen die Lungen. Die Länge von dem Hübel bis zum Rande betrug drey und zwanzig Linien, die Breite von dem spitzigen Winkel bis zu dem entgegengesetzten Theile, nahe an dem Hübel, funfzehen Linien. Man bemerket an ihm eine zweyfache Substanz, nämlich, eine andere am Rande, eine andere im Körper. Am Rande von dem spitzigen Winkel bis zum Hübel ist sie gleichsam der Uebergang der Sehne in den Knorpel, und besteht aus einer doppelten, dicken, steifen, und durch-

E　　　　　　　　　　　　　schei-

scheinenden Haut, davon die eine die ganze erhabene Fläche des Knochens, die andere die ausgehölte genau umzieht und fest mit dem Knochen verbindet. Daß aber der Rand von diesen Häuten entspringt, habe ich daher erkannt, weil, indem ich alle beyden Häute nach und nach wegnahm, der Rand sogleich vergieng, so, daß der schalenartige Körper des Knochens nur übrig blieb, welcher, wie in den Kammmuscheln, streifigt und eine halbe Linie dick war. Die Streifen der Queere waren wellenförmig, und von andern länglichten ausgehölten durchschnitten. Die erstern scheinen, wie bey andern Schnecken,*) neue Anwüchse des Knochens anzuzeigen.

Die Farbe des Knochens ist gelblicht; auf dem ausgehölten Theile, vorzüglich unter dem Hübel, perlengrau und glänzend, so daß man ihn ganz gewiß für eine Muschelschale halten würde, wenn man ihn, außerhalb des Körpers der Lernea, an dem Ufer des Meeres hingeworfen fände. Es ist aber zu verwundern, daß ich ihn unter dem übrigen Auswurfe des Meeres niemals habe finden können, da sich doch die Lernea am Ufer aufhält, und wie alle Thiere sterben muß, wornach der weiche Körper verwesen muß, und der Knochen, eben so wie andere Schnecken und Muschelschalen, von den Meereswellen an das Ufer konnte gewälzt werden. Denn es ist nicht glaublich, daß es von dem Seewasser aufgelößt werden sollte, da die sehr zarte Schale des hirnschalenähnlichen Seeapfels **) (Echini Spatagi Linn.) und des kleinen Kahns (Argonautae Cymbii Linn.)***) die man, ohne sie zu verletzen, nicht stark anrühren darf,

am

*) Eine merkwürdige und lesenswürdige Abhandlung von dem Wachsthum der Schalen bey den Conchylien hat der berühmte Hr. Hofrath Walch dem ersten Bande der „Beschäftigungen naturforschender Freunde in Berlin,“ einverleibt; wo er durch viele Versuche und Vernunftschlüsse beweiset, daß die Schneckenschalen mit besondern Gefäßen versehen sind, und durch diese ihre Nahrung und Wachsthum erhalten. Die Meynungen anderer Schriftsteller, und die darüber geschriebenen Bücher sind an eben dem Orte genau angeführet.

**) Eine gute Abbildung von diesem giebt Klein in seinem Buche de Echinodermatibus, Tab. 8. und Knorr in Deliciis, I. Theil, Tab. D. I. F. 13. Tab. D. II. F. 67.

***) Die Beschreibung und Abbildung desselben findet man in dem vortrefflichen und vollständigen Conchylienkabinet des unermüdeten Naturforschers, des Hrn. D. Martini, I. Theil, 18te Taf. 161. 162. Figur.

am Ufer sehr oft, entweder ganz oder zerbrochen, gefunden wird. Unterdessen zweifle ich doch nicht, daß nicht unzählig viel Stücken davon am Ufer verborgen liegen sollten.

Derjenige, welcher von ohngefähr einen, dem in der 20. Fig. gezeichneten Knochen, ähnlichen finden sollte, würde um desto eher den Knochen der Lernea für eine Muschelschale halten, weil auf demselben drey schöne Perlen d. sitzen, deren größte weiß, die übrigen zwey weißlichbraun sind. Nehmen also wohl die Muscheln, wenn sie nur zu gewisser Zeit, vorzüglich im Monat May, aus Wollust ihre Schalen öfnen, den Meerthau in sich, welcher in der Folge der Zeit durch die Wärme der Sonne in Perlen verwandelt wird? *) Verhärten sich die Regentropfen, welche auf die Muscheln herabfallen, in Perlen? Sind die Perlen nichts anders, als befruchtete Eyer der Muscheln, die aus den Thieren herausgerissen sind, oder sind es unbefruchtete, unreife und gleichsam versteinerte Eyer? Werden sie endlich blos in den weiblichen Schalen gefunden? **) Die Perlen, welche sich in dem schneckenförmigen Beine der Lernea erzeugen, widerlegen gewiß alle angeführten Meynungen und beweisen, wenn ich nicht irre, auf das deutlichste: Daß Schroeck, Geoffroy, Linne und andere berühmte Männer richtig geurtheilt haben, wenn sie sagen, daß die Perlen wie die Bezoarsteine aus dem erdigen Theile der Feuchtigkeiten zusammen wüchsen. ***) In der Lernea

E 2　　　　　　　　　　　fällt

*) Plin. Lib. 9. c 35.

**) Jo. Eberhard Tract. de Origine Gemmarum, welcher 1751. zu Halle herausgekommen ist. Diese Meynung hat zuerst Valentin in seinem Museo Musæorum, I Theil, Seite 495. angenommen.

***) Man hat bisher nach oben angeführten Gelehrten die Perlen gewöhnlich für eine Krankheit der Schal-Thiere angesehen. Zuerst hat Peter Joh. Faber die Perlen für einen Ausfuß oder Firnnis der Austern gehalten. Nachdem hat Anshelm. Boetius im II. Buch von den Edelsteinen gesagt, daß das Thier der Muschel eine zähe Feuchtigkeit ausspeye, woraus die Schale entstehe. Wenn nun das Thier schwach werde, so bliebe die Feuchtigkeit an der Schale hängen, und daraus würden die Perlen gezeugt. Ganz neuerlich hat der um die Conchyliologie sehr verdiente Hr. Chemniz, in den „Beschäftigungen der Berlin. Naturforsch. Freunde,“ I. Band, Seite 344. u. f. eine neue Meynung aus der Natur und Erfahrung an den Muscheln, von dem Ursprunge der Perlen bekannt gemacht. Er hält die Perlen für Heilungs- und Genesungsmittel der

Muschen,

fällt gewiß kein Meerthau in den ausgehöhlten Theil des Knochens, noch können die Sonnenstralen denselben verhärten, indem der Knochen rings herum mit einer starken Haut umgeben ist, und die Lernea, so wie die übrigen Conchylien, tief unter dem Wasser wohnet. Epergen werden auch nicht in das vorerwähnte Bein gelegt, weil diese entweder aus der Gebärmutter in das Meer ausgeworfen werden, oder, welches ich doch nicht bestimmen kann, als vollkommene kleine Lerneen aus derselben hervorgehen.

Wenn ich außerdem die Perlen selbst ein wenig genauer betrachte, so sehe ich nicht ein, warum einige dieselben nicht zu den Steinen gerechnet, sondern sich vielmehr unbestimmte und unwahrscheinliche Begriffe von ihrem Ursprunge gebildet haben. Erstlich ist die kalkartige Materie gegenwärtig, welche von einer zur Bildung der Schale, in dem Körper eines jeden Schal-Thieres, bestimmten Drüse abgeschieden wird. Eine solche hat Swammerdam*) in der gemeinen mit einem Deckel versehenen Schnecke entdeckt; und ich habe im Anfange erinnert, daß mehrere ähnliche weiße Drüsen auf der Haut, welche den ausgehöhlten Theil des Knochens der Lernea umkleidet, zerstreuet sind, aus welchen ein weißer weinsteinartiger Saft zur Bildung des Knochens herausfließt. Ferner ist die kugelrunde Gestalt bey den Steinen nicht ungewöhnlich, denn diese bekommen die Blasensteine öfters im menschlichen Körper, und die Bezoarsteine nähern sich zuweilen derselben; ja sogar die Tuffsteine, welche in dem Innern der Erde hervorgebracht werden, haben eine völlig kugelrunde Gestalt, wie man es an den Erbsensteinen der warmen Bäder deutlich sehen kann. Die blättrige Zusammenfügung findet sich in allen Steinen, wie auch in den Perlen. Der Glanz ist wenigstens in dem Bezoarsteine außerordentlich, und in den erwähnten Erbsensteinen ist er so stark, daß er ihnen von der Hand des Künstlers gegeben zu seyn scheint. Die veränderliche Farbe der Perlen trift man auch in der innern Fläche der Schalen, und in einigen Kalksteinen, wie in dem Spat, an.

Wenn diese und mehrere andere Beweise nicht wichtig genug seyn sollten, um die letzte Meynung von der Bildung der Perlen zu bestätigen, so sey dieser der wich-

Muscheln, welche die Stelle eines Verbandes vertreten, damit sie die tiefen Verwundungen ihrer Schalen belegen, von innen heraus verbindern, und dadurch allen künftigen Uebeln vorbeugen.

*) Bibel der Natur, Seite 44. u. f.

wichtigke, daß in dem Knochen der Lernea auch Perlen hervorgebracht werden. Dieses wird, wie ich hoffe, weil es sich auf die unträgliche Erfahrung gründet, hinlänglich seyn, einen jeden von der weitern Untersuchung der Erzeugung der Perlen abzuhalten und ihn überzeugen, daß die Perlen wirkliche Steine der Muscheln sind.

§. 22.

Die Lungen erfüllen, wie ich kurz vorher erinnert habe, den ausgehölten Theil des Knochens, doch so, daß die Haut, welche den Knochen umgiebt, zunächst auf ihnen liegt. Da nun der Knochen außerhalb den beyden erstern Hölen und auf dem Rücken der Lernea liegt, so werden auch die Lungen in keine Höle eingeschlossen; sondern sie hängen am Rücken unter dem muschelförmigen Knochen frey §. 3. und zwar so, daß sie, wenn der Knochen sich erhebt, eben so, wie die Kiefern bey den Fischen, können gesehen werden. Sie sind auch nicht sehr von den Kiefern unterschieden: denn sie sind kugelförmig in zween Lappen getheilt, mit zwey starken Bändern versehen, davon das oberste nahe am Herze, das unterste aber nahe am After die Lungen fest hält. Ein jeder Lappen stellt einen sichelförmigen oder gebogenen Saum vor. Den innern glatten Bogen (Fig. 21.) a. machen die erwähnten Bänder aus, der auswendige vertheilte Bogen b. hängt frey, wird in verschiedene größere Aeste getheilt, deren ein jeder in zween andere kleinere, und diese wiederum in vier ganz kleine getheilt werden. Zwischen beyden Lappen läuft gegen den innern Bogen zu das herabsteigende Gefäß (Fig. 22.) a. oder die Schlagader, welche in die vorher erinnerten Aeste des benannten Bogens vertheilt wird. Die Farbe der Lungen ist theils weißlich, theils braun und in verschiedene Streifen getheilt; die braune Farbe aber hängt an denselben, wie auch an dem ganzen Körper der Lernea, nur auf der Oberfläche locker an, und geht ohne viele Mühe von der todten Lernea ab. Die Lungen in der Lernea haben eben denselben Nutzen, welchen die Lungen in den Vögeln und vierfüßigen Thieren, und die Kiefern in den Fischen leisten; sie verdünnen nämlich das Blut durch den öftern Anschlag der Wellen, machen es auch wiederum dichte und geschickt, durch alle Gefäße des Körpers zu fließen. Wenn daher die alten Aerzte mehrere Thiere betrachtet hätten, so würden sie den Lungen nicht die Verrichtung zugeschrieben haben, daß sie das heiße aus dem Herzen zufließende Blut kühlten.

Denn

Denn unsere Lernea und unzählig viele andere Thiere haben kalt Blut, und doch sind sie mit Lungen, oder einem, diesen ähnlichen, Eingeweide begabt.

Dieses habe ich von dem Baue der Lernea zu erinnern für gut befunden, woraus erhellet: Daß das Geschlechts-Kennzeichen, welches ihr der Ritter Linné gegeben hat, nicht auf alle Art unserm Thiere zukomme. Denn desselben Körper ist weder rund, noch die Stirne durchbohrt, wenn man nicht den Mund vor das Loch der Stirne annehmen will. Wenn man also nach der, von diesem berühmten Manne, angenommenen Art, eine Beschreibung des Geschlechts der Lernea geben müßte, so könnte vielleicht folgende statt finden: Der Körper ist fast eyförmig, der Rücken mit einem Schilde versehen, und zwey ohrenförmige Fühlfaden an der Stirne.*) Die Lernea bewohnet die mit Klippen besetzten Ufer, und sitzet auf den Klippen mit ihrem Bauche oder Fuße. Sie bewegt sich nach Art der Schnecken mit erhobenem Kopfe von einem Orte zum andern. Von den wüthenden Wellen wird sie öfters an das Ufer geworfen, wo sie verfault. Wegen ihres starken Gestanks und harten Fleisches wird sie von Niemanden genossen. Sie besitzt einige besondere Eigenschaften, welche ich gleich erzählen werde, nachdem ich zuerst kürzlich dasjenige werde angeführet haben, was bey andern Schriftstellern von diesem Thiere gefunden wird.

§. 23.

Weil mir bey dem ersten Anblick der Lernea der Gedanke einfiel, daß es vielleicht der Seehase der Alten wäre, §. 1. so habe ich darüber verschiedene Schriftsteller um Rath befragt, um in meiner Meynung gewisser zu werden. Nachdem ich nun des Rondeletius, Aldrovand, und Fabius Columna Schriften nachgeschlagen

*) In der zwölften als der neuesten Ausgabe des Systems, giebt Linné, und nach ihm, Hr. Müller, in der Erklärung des Systems, folgende Geschlechts-Kennzeichen: „Der Körper ist kriechend, und mit zurückgebogenen Haaren überdeckt; auf dem Rücken ist ein häutiges Schild, welches die jungen bedeckt. In der rechten Seite ist eine Oefnung für die Geburtsglieder. Der After ist über dem Ende des Rückens; und an dem vordern Theile des Thiers sind vier Fühlfaden.“ Diese Kennzeichen sind aus der Beschreibung unsers Verfassers genommen, aus welcher sich auch bestimmen läßt, in wiefern das Rücken-Schild häutig sey, oder nicht, und ob vier, oder zwey Fühlfaden am Kopfe befindlich sind.

schlagen hatte, so fand ich, daß diese berühmten Männer die bloße Gestalt der Lernea unter dem Namen des Seehasen aufgezeichnet, und nur mit wenigen Worten ihren wahren Bau berühret hatten. Als ich endlich nach Florenz kam, so vernahm ich von dem berühmten Joannon von St. Laurentius, der vorzüglich durch die Herausgebung des prächtigen Kabinets des Ritters von Baillou bekannt und um die natürliche Geschichte sehr verdient ist, daß Apulejus unter den Alten der erste sey, welcher ein gewisses Unterscheidungszeichen von dem Seehasen gegeben hätte. Als ich nach einiger Zeit Gelegenheit bekam, den Apulejus nachzulesen, fand ich von dem Seehasen folgendes bey ihm: „Ich habe den kleinen Fisch, welchen ihr den Seehasen nennt, vielen gezeigt. Ich bestimme aber noch nicht, was es sey, bis ich ihn werde genauer untersucht haben. Denn seine Eigenschaft finde ich bey keinem von den alten Philosophen beschrieben, welche doch sehr selten, und merkwürdig ist. Denn so viel ich weis, ist dieß Thier das einzige, welches in seinem Bauche zwölf Knochen hat, die den Schweinsklauen ähnlich sind, da es in den übrigen Theilen des Körpers ganz ohne Knochen ist. Wenn dieß Aristoteles gewußt hätte, würde er es gewiß beschrieben haben."
(Hunc adeo pisciculum, quem vos leporem marinum nominatis, plurimis qui aderant, ostendi. Necdum etiam decerno, quid vocent. Nisi quaeram accuratius, quod nec apud veteres Philosophos proprietatem eius piscis reperio. Quae quod sit omnium rarissima, et hercule memoranda. Quippe solum ille, quantum sciam, cum sit caetera exossis, XII. numero ossa, ad similitudinem talorum suillorum, in ventre eius connexa et catenata sunt. Quod *Aristoteles* si scisset, nunquam profecto omisisset, scripto prodere. *Apolog. I.*)

Aus diesen Worten sieht ein jeder, daß Apulejus entweder ein anderes Thier für den Seehasen gezeigt, oder daß er den wahren Seehasen nicht genau genug betrachtet habe. Jedoch scheint das erstere wahrscheinlicher: denn er hätte das muschelförmige Bein, welches auf dem Rücken der Lernea liegt, und den Namen eines Knochens eher, als die knorplichen Beine im Magen verdient, nicht übersehen können, und würde daher auch nicht gesagt haben, daß der Seehase übrigens ohne Knochen wäre. Außerdem sagt er, daß zwölf Knochen im Bauche mit einander verbunden wären, welches auch nicht in der Lernea bemerkt wird.

Ich vermuthe daher mit vieler Gewißheit, daß das Thier, welches er unter dem Namen des Seehasens gezeigt hatte, die Zitterblase oder Holothuria tremula des berühmten Linné gewesen sey. Denn diese ist, wie ich unten zeigen werde, übrigens ohne Knochen, und trägt in ihrem Bauche mit einander verbundene Knöchlein; der Gestalt nach aber kömmt sie auf keine Art mit der Lernea überein. Apulejus ist aber wahrscheinlicher Weise darum in diesen Irrthum gefallen, weil er selbst nicht wußte, was für ein Thier zu seiner Zeit mit dem Namen des Seehasen belegt würde, wie man aus seinen Worten: und ich entscheide auch nicht, was sie so nennen, einsehen kann. Denn aus den kurzen unvollkommenen Beschreibungen der Alten, die überdem ohne Abbildung des Thieres waren, konnte der erwähnte Verfasser den Seehasen nicht erkennen. Ich selbst würde ungewiß seyn, ob Rondeletius und Fabius Columna die Lernea beschrieben haben, wofern sie nicht eine Abbildung von diesem Thiere gegeben hätten; sintemalen des Rondeletius Beschreibung von dem Bau des Seehasens, gar im geringsten nicht mit der Bildung unserer Lernea übereinkommt. Er sagt: „Das erstere Geschlecht des Seehasens ist sehr giftig, gehört zu den weichen Thieren und ist, vorzüglich an seinem hintern Ende, einer ausgenommenen Schnecke ähnlich. Es hat auf dem Rücken, wie der Blackfisch, einen dünnen Knochen, welcher an dem hintern Theile, wie in einer Walzenschnecke, zusammengedrehet ist, an der Seite hat es, wie der Blackfisch, Floßfedern, welche die Höhle umgeben und zurückgeschlagen sind, auch zwey fleischerne Hörnergen, wie die Schnecken haben: nur auf der einen Seite hat es einen Kopf wie die Zygäna, auf der andern Seite ist ein Loch, durch welches es einen fleischigten Theil herausstreckt, wie man auf dem Gemälde siehet, den es nach Willkühr wieder zurücke zieht. In der Mitte dieser beyden Theile ist eine Ritze für den Mund; in Ansehung des schwarzen Safts, und der übrigen innern Theile ist es dem Dintenfische ähnlich." (Primum genus leporis marini, quod hic exhibemus, maxime lethale, ex mollium genere, cochleae exenteratae valde simile, maxime posteriore corporis parte. Os habet in dorso, veluti saepia tenue, volutae instar contortum, qua parte ad caudam spectat: in lateribus sepiarum modo pinnas habet, alueum ambientes, replicatas, mox cornicula duo carnosa, qualia sunt in cochleis: altera tantum capitis parte Zygaenae caput imitatur: altera parte foramen est, per quod

carno-

carnofam quandam fubftantiam exerit: ut in pictura vides, eandem pro
arbitrio retrahit. In harum duarum partium rima eft pro ore, atramen-
to et reliquis partibus internis loliginem refert.) Wer wird wohl aus
diesen Worten des Rondeletius schließen können, was für ein Seethier er damit habe anzeigen wollen. Aus der Vergleichung mit einer ausgenommenen
Schnecke und des einen Theiles des Kopfes mit dem Kopfe der Zygäna könnte
man zwar muthmaßen, daß er die Lernea meyne. Allein, weil er außerdem
sagt, daß es auf dem Rücken einen Knochen tragen soll, welcher, wie in dem
Blackfisch, dünne und gleichsam wie eine Walzenschnecke zusammengedre-
drehet wäre, und daß er in Ansehung des schwarzen Saftes und der übrigen innern Theile dem Dintenfische ähnlich sey, so giebt dieses Anlaß zu zweifeln, daß er eines andern Thieres Geschichte habe beschreiben wollen. Denn der
Knochen der Lernea, welcher auf dem Rücken liegt, ist nicht wie eine Walzenschnecke zusammengedreht, sondern einer Gienmuschel (Chamae) ähnlich. Auch habe ich keinen schwarzen Saft in derselben jemals bemerkt, und aus
der gegebenen Beschreibung der übrigen innern Theile ersiehet man, daß sie sehr
von den Eingeweiden des Dintenfisches unterschieden sind.

Was Rondeletius am Ende des Abschnitts von der ersten Gattung des
Seehasens sagt, könnte noch mehr Zweifel erregen. „Nach einigen Monaten,
sagt er, wurde mir ein anderer Seehase gebracht, aber das fleischigte Zünglein,
von welchem ich im Anfange gesagt habe, fehlte: auf dem Rücken war kein Knochen, an allen übrigen innern und äußern Theilen aber war er dem ersten völlig
ähnlich. Diesen, von dem ich jetzt rede, halte ich für das Männgen, den andern
für das Weibgen, weil ich in jenem etwas gefunden habe, das den Polypen-
eyern ähnlich ist." Seine Worte sind: Poft menfes aliquot alius ad me
delatus eft, fed lingula illa carnofa, de qua initio locuti fumus, carebat,
os in dorfo nullum erat, ceteris omnibus partibus internis et externis
omnino fimilis. Hunc, de quo nunc loquor, marem effe iudico, alterum
foeminam, quod in ea fimile quid polyporum ovis repererim. Ich aber
habe in allen Lerneen sowohl das Zünglein, als auch das muschelförmige Bein
auf dem Rücken beobachtet, und gefunden, daß das Thier ein Zwitter sey. Sollte
aber Rondeletius gesehen haben, daß bey einem und dem andern Seehasen das

F   Bein

Bein und das Zünglein sollte gemangelt haben, so vermuthe ich, daß beyde durch äußerliche Gewalt weggerissen worden; der Knochen könnte auch natürlicher Weise mangeln, indem der muschelförmige Knochen in der Lernea eben so, wie die Schale des Krebses, jährlich wieder wächst. Indem nämlich der jährige Knochen abgeworfen wird, so verhärtet sich nach und nach ein anderer aus dem kalkartigen Safte, welcher aus den Drüsen §. 3. tröpfelt. Denn ich besitze unter den übrigen Knochen von der Art einen ganz zarten, feinen und durchsichtigen, welcher in Ansehung der Festigkeit dem Knochen des Dintenfisches gänzlich ähnlich ist. Die übrigen aber haben die Härte einer Schale und sind undurchsichtig. Daher läßt sich muthmaßen, daß dieser erst vor kurzem erzeuget worden: Diejenige Lernea aber, welche Rondeletius ohne Knochen annimmt, hat wohl kurz vorher ihren jährigen Knochen abgelegt. Allein ich sehe nicht ein, warum er den Seehasen, welcher kein Zünglein hat, welches doch die männliche Ruthe ist, das Männgen, jenen aber, welcher die männliche Ruthe, oder das Zünglein besitzet, das Weibgen nennt. Uebrigens hat Rondeletius die andere und dritte Gattung des Seehasens eben so undeutlich, als die erste, beschrieben; denn er sagt, die andere Gattung sey von der erstern nicht sehr unterschieden. Die dritte Gattung aber ist kein Seehase, sondern ein besonderes Thier-Geschlecht, wie aus der folgenden Abhandlung erhellen wird.

Auf gleiche Art verhält es sich mit der Beschreibung, welche Fabius Columna*) und Ulysses Aldrovand**) gegeben haben. Aelian***) behauptet, der Seehase sey wie eine Schneckenart, der die Schale fehlet, gebildet. Plinius****) sagt, er wäre ein ungeformtes Stücke Fleisch und nur der Farbe nach dem Erdhasen ähnlich. Dioscorides endlich sagt, er wäre einem kleinen Dintenfische ähnlich. Diese so kurzen Beschreibungen und sehr unangemessenen

---

*) Der Verf. hat das Buch, wo Columna hiervon handelt nicht angezeigt. Es findet sich aber bey der ***** minus cognitarum Plantarum, ein Anhang de Aquatilibus aliisque nonnullis Animalibus; wo er im dreyzehnten Kapitel von dem Seehasen handelt. Dieses Buch ist zu Rom 1616. gedruckt, ist aber jetzt ziemlich selten geworden.

**) De Animalibus exanguibus, Bonon, 1642. fol. Lib. I. de Mollibus, p. m. 80. seq.

***) S. deff. de Natura Animalium, Lib. II. cap. 45. λαγὼς θαλάττιος τι κατά τω κοχλίαν τὸ γεμοῦσι τὸ εἶδος.

****) Hist. Nat. Lib. 22. cap. 1.

nen Vergleichungen zeigen hinlänglich, daß sie das Thier, welches sie beschrieben
haben, entweder nicht gesehen, oder nicht untersucht haben. Doch darf man es
ihnen nicht für einen Fehler auslegen, da sie mit Beschreibung vieler natürlichen
Körper beschäftiget waren, und also auf einen jeden insbesondere nicht Aufmerksamkeit genug wenden konnten.

Je kürzer aber die angeführten Schriftsteller sind, wenn sie den Bau der
Körper erklären, desto weitläuftiger sind sie in Erzählung ihrer guten und schädlichen Eigenschaften. Die Neuern im Gegentheil beschreiben jede kleinen Organen weitläuftig, und sagen entweder gar nichts von ihren Eigenschaften, oder
erwähnen dieselben ganz kurz. Daher auch alle, welche von dem Seehasen geschrieben, viel von der giftigen Beschaffenheit desselben gesagt haben. Unter allen
haben Dioscorides und Aetius diese Sache am weitläuftigsten betrachtet; daher wird es nicht ohne Nutzen seyn, deren Worte hier anzuführen, damit, nach
Vergleichung derselben mit meinen darauf folgenden Bemerkungen, erhelle, ob
die Alten in Erzählung der Eigenschaften, oder in der Beschreibung der Körper
treuer gewesen sind.

Dioscorides gedenkt also auf folgende Art der schädlichen Beschaffenheit
des Seehasens: *) „Die von dem Seehasen getrunken haben, riechen nach dem
Gifte der Fische, nach einiger Zeit bekommen sie Bauchschmerzen. Der Harn
wird angehalten, und wenn er ja ausgeleeret werden kann, so ist er purpurroth.
Sie haben einen Abscheu und Ekel vor allen Fischen, sie triefen von stinkendem
und dicken Schweiß und brechen Galle, mit Blut vermischt, aus.“ (Qui leporem marinum biberunt, piscium virus olent, procedente tempore
aluus dolore afficitur, et vrina sistitur, et si quando eam reddere contin-
gat, purpureum colorem refert. Omne piscis genus auersantur et odio
habent, foetido ac graui sudore manant, biliosus vomitus interdum san-
guini promiscuus subsequitur.)

Aetius aber beschreibt ähnliche und mehrere Uebel die auf die Genießung
des Seehasens erfolgen: **) „Diejenigen, welche ihn genießen, behalten einen
den Fischen ähnlichen, und giftigen Geschmack im Munde; bald darauf schmerzt
ihnen der Unterleib und der Körper wird überweiß. Hernach wird er bleyfar-

B 2   ben

*) Lib. VI. Cap. XXX.
**) Lib. XII.

ben, es entstehet eine Geschwulst im Gesicht, die Beine und Fußsohlen entzünden sich, die Geburtsglieder schwellen auf, und dadurch wird der Ausfluß des Harns verhindert. Mit zunehmender Krankheit wird blauer, wiewohl mit Blut vermischter Harn ausgeleert. Nachher bekommen sie Ekel, speyen eine mit Blut untermischte gallenartige Materie aus, welche nach Fischwasser riechet. Ihr Schweiß riecht stark und unangenehm, und sie haben einen Ekel vor allen Fischen." (Comitantur autem eos, qui in corpus eum ingesserunt, sapor in ore similis piscibus, virosus, paullo post aluum dolent, et color corporis ad argenti similitudinem permutatur. Deinde plumbeus redditur, cum faciei tumore, incenduntur pedes, plantae. Et pudendum tumefactum cohibet vrinae effusionem, progrediente vero malo etiam caerulei coloris lotium emingunt, quamquam sanguinolentum: deinde nauseabundi facti biliosa vomunt sanguine permista, et piscium loturam olentia. Exsudant autem greueolentia, et omne piscis genus auersantur praeter cancrum.) Mit diesen stimmen fast gänzlich die andern Nachrichten von der giftigen Kraft des Seehasens überein. Plinius und Rondeletius fügen noch hinzu, daß der bloße Anblick und Gestank desselben bey den Weibern eine frühzeitige Geburt verursache. Galen*) aber erinnert allein, daß, nach dem Gebrauch desselben, in den Lungen Geschwüre entstünden.

Dieses habe ich kürzlich aus anderer Schriften, theils von dem Bau, theils von der schädlichen Beschaffenheit der Lernea erinnern wollen. Nun muß ich erzählen, was ich selbst von der giftigen Beschaffenheit der Lernea erfahren habe. So oft ich dieses Thier lebendig aus einem mit Meerwasser angefüllten Gefäße herausgezogen, und in eine Schüssel, um desselben Struktur zu untersuchen, gelegt habe, so ist die ganze Stube sogleich mit einem sehr stinkenden und ekelhaften Geruche erfüllet worden, so, daß niemand, außer mir, in eben diesem Zimmer bleiben konnte, aus Furcht, daß auf den Ekel in kurzem Erbrechen folgen möchte. Ich gestehe, daß auch mir dieser gänzlich sonderbare und abscheuliche Geruch nicht angenehm gewesen ist; aber weil ich die Lernea gerne beschreiben und abzeichnen wollte, mußte ich ihn geduldig ertragen. Das aber kann ich nicht verschweigen, daß auch ich öfters aus diesem Zimmer, um frische Luft zu schöpfen,

*) Lib. I. de Medicamentorum Compositione.

schöpfen, herausgehen mußte, so lange ich die Lernea lebendig unter den Hän-
den hatte.

Es entstand also bey uns allen gemeinschaftlich, von dem aus dem Thiere
verbreiteten Geruch, ein Ekel. Mir aber schwollen außerdem die Hände und
Backen auf, so oft ich die lebendige Lernea länger berührte, und so oft sie den
milchichten Saft, welchen ich deswegen giftig genennet habe, §. 16. ausspritzete.
Ob aber das Gesicht von dem bloßen Hauche aufgeschwollen sey, indem ich die
Lernea länger und genauer untersuchte, und das Gesicht näher an den Körper
derselben brachte, oder ob ich vielleicht mit der, von diesem milchichten Safte,
nassen Hand das Gesicht berühret habe, kann ich nicht gewiß behaupten, weil ich
mich, das letztere gethan zu haben, nicht erinnern kann. Dieser traurige Zufall,
welcher mir zuerst widerfuhr, hielt mich dennoch nicht von der weitern Untersuchung des Thieres ab, denn als ich bemerkte, daß sich die Geschwulst, sobald
ich mich einige Zeit von der Berührung der Lernea enthielt, zertheilte, so be-
fürchtete ich nicht, daß auf diese Art größere Uebel erfolgen könnten; und ich
habe auch während der ganzen Zeit, als ich mit dieser Arbeit beschäftiget war,
keinen andern Zufall gehabt, außer diesem, daß mir einige Haare aus dem
Barte fielen, als ich einmal mit Fleiß das Kinn mit dem von milchichtem Safte
feuchten Finger berühret hatte.

Diese Eigenschaft der Lernea, zu verursachen daß die Haare ausfallen,*)
hat schon Dioscorides angezeigt. Ob ich daher gleich nicht selbst alle Uebel erfahren, welche ich oben aus verschiedenen Schriften angeführet habe, so zweifle
ich dennohngeachtet nicht im geringsten an derselben wirklichem Erfolge, wenn
nämlich das giftige Thier inwendig gebraucht wird. Denn da es durch den bloßen
Geruch und durch die bloße Berührung eine ekelhafte Erbrechung und eine Geschwulst verursachen kann, so wird es sicher weit größere Uebel hervorbringen,
wenn es innerlich gegeben wird. Ja, es ist nicht zu zweifeln, daß es sogar den
Menschen tödten könne, da die Geschichtschreiber bezeugen, daß Domitian

F 3   und

_____

*) Um dieser Eigenschaft willen nennt Linné das Thier Depilans: Wenn man dieses
im Deutschen ausdrücken wollte, würde man es eher den Abhaarer, als den Verhaarer, nennen müssen. S. die erste Anmerkung. Wiewohl bey diesem Thiere kein
besonderer Name der Art nöthig ist, da es nur einzig und allein das Geschlecht ausmacht.

und Nero mit dem Gifte des Seehasens die Menschen hätten umbringen lassen, auf welche Art auch Titus gestorben seyn soll.

Plinius sagt, daß dieses Thier in Indien mit einem stärkern Gifte verse, hen sey. Dieses kann man mit Recht nicht in Zweifel ziehen, da von dem Scor- pion *) und andern giftigen Thieren bekannt ist, daß sie ein desto stärkeres Gift bey sich haben, je wärmer das Land ist, wo sie wohnen. Daß aber der Seehase in Indien, wenn er von einer menschlichen Hand berühret wird, sterben sollte, wie auch Plinius meldet, scheint nicht so glaubwürdig zu seyn. Wenigstens ist dieses in Italien niemals geschehen. Denn alle diese Thiere, welche ich bekom- men habe, sind von dem Fischer mit der Hand gefangen worden, und ich habe sie nachmals wohl hundertmal berühret, ohne ihnen den geringsten Schaden zu thun. Demohngeachtet ist der Seehase, welcher von eines Menschen Hand berühret wird, für die Maler ein schickliches Sinnbild, um den wechselsweisen Schaden anzuzeigen. Denn ob der Mensch gleich diesem Thiere nicht plötzlich schaden kann, so kann er ihm doch das Leben nach Willkühr rauben; der Seehase aber verletzt den Menschen, indem er verur, daß seine Hand aufschwillt.

Ich habe nicht versuchen wollen, was er z. B. einem Hunde, einer Katze oder andern Thieren für Gutes oder Uebels zufüge, weil der Schluß nicht richtig ist, daß eben dasselbe in dem Menschen geschehe. Denn die Speisen thun nicht in allen Thieren eine gleiche Wirkung, sondern was dem Menschen nützlich ist, schadet oftmals dem Hunde oder einem andern Thiere, und so wechselsweise. Rondeletius erzählt: Daß nur allein der Rothbart (Mullus barbatus, Linn.**) den Seehasen ohne Gefahr genießen könnte.

Diese und andere merkwürdige Bemerkungen von der Lernea kann jeder erforschen, der am mittelländischen Meere wohnet.

Als

*) Rich. Mead Tract. de Venenis. Er findet sich theils einzeln gedruckt, theils in den Operibus medicis, Tom. II. die in Göttingen 1749. in 8. herausgekommen sind.

**) Syst. Nat. ed. XII. Tom. I. p. 495. Müllers Erklärung des Linneisch. Syst. 4ter Theil, Seite 269. Eine ganz gute Abbildung desselben giebt Rondeletius de Pisc. Lib. IX. p. 390. Willughby scheint dasselbe Kupfer nachgestochen zu haben; und sind die Schuppen kleiner und undeutlicher gezeichnet, auch ist die Seitenlinie gar nicht bemerkt. S. Franc. Willughbii Histor. Pisc. p. 285. Tab. S. 7. F. 2. Klein beschreibt diesen Fisch auch in seiner Histor. Piscium, Miss. IX. p. 22. no. 1.

Als ich die Handschrift des gegenwärtigen Werks dem Buchdrucker über-
liefern wollte, bekam ich von eben demselben die zehnte Ausgabe von dem Natursystem des berühmten Linné. Ich wollte deswegen dieses Werk nicht eher
drucken lassen, bevor ich nicht die erwähnte Ausgabe des Naturfostems durchge-
sehen hätte. Voll Verwunderung sehe ich darinne, daß dieser berühmte Mann
dem Seehasen den Namen Tethys gegeben, unter den Namen Lernea aber
die Lachsläuse gesetzt habe. Zuerst wollte ich den Namen meiner Lernea verändern, weil ich aber aus dem der Tethys beygesetzten Geschlechts-Charakter
gleich ersahe, daß der große Mann den Seehasen weder unter dem Namen Lernea, nach der Pariser Ausgabe, noch unter dem Namen Tethys, nach der
zehnten Ausgabe, recht gekannt habe, so hielt ich für besser den angenommenen
Namen zu behalten, und dem berühmten Linné die ihm so angenehme Gelegenheit zu lassen, daß er in der Ulsten Ausgabe diesem Thiere wiederum einen andern Namen geben kann. Denn Tethys wird er es künftig nicht nennen, weil
meine Lernea, welche der Seehase der Alten ist, in der Mitte kein länglich
rundes knorplichtes Körpergen hat, und auch mit keinem keilförmigen
Fühlfaden, vielweniger endlich mit Luftsbchern versehen ist, wie der berühmte
Linné aus andern Schriftstellern, anstatt des Geschlechts-Charakters, fälschlich
annimmt.*)

*) Wie schon einigemal erinnert worden, so hat Linné auch diesen Namen geändert,
und nennt unsre Brsf. Lernea, Laplyfium depilantem, Syst. Nat. ed. XII. Tom. I.
pag. 1082.

Zweyter Abschnitt.
Von der Fimbria,*) oder dem Kerbenmaule.

§. 1.

Das Seethier, welches ich nun beschreiben (Taf. 5. Fig. 1.) will, erhielt ich bey der heftigsten Sonnen-Hitze den 10ten August. Es ist überall glänzend weiß, den Rand der Lippe ausgenommen, und sechs Zoll lang. Die Lippe a. welche an dem vordern Theile des Kopfs, gleich einer befranzten Haut ausgespannt, vier und einen halben Zoll breit und drey Zoll lang ist, gereicht dem Thiere zu einer großen Zierde. Der Rand b. derselben ist auf beyden Seiten gekerbt, dicker, als der übrige Theil der Lippe, und ragt über denselben auf beyden Seiten hervor, nicht anders, als eine goldne oder silberne Tresse, welche um einen Huth gezogen ist. Er scheint auch daher etwas anders, als eine bloße Fortsetzung der Haut, welche den übrigen Theil der Lippe ausmacht, zu seyn. Die Farbe des befranzten Randes ist schwarz und gelb, so, daß der immer gekerbte Theil desselben schwarz und mit einigen gelben Punkten bezeichnet, der entgegengesetzte und gleichfalls gekerbte Theil gänzlich schwärzlicht ist, und der darzwischen liegende Theil von Gold-Farbe glänzt. Man bemerket nämlich diese schöne Verschiedenheit der Farben auf der Seite des Randes, welche man sieht, wenn das Thier auf dem Bauche liegt, denn auf der entgegengesetzten Seite ist der ganze Rand schwarz gefärbt. Die Haut, welche den übrigen Körper der Lippe ausmacht, ist aus dicken weißen, fast sehnichten Fasern zusammengesetzt.

§. 2.

Am Anfange des Kopfes, wo nämlich die jetzt gleich beschriebene Lippe ihren Anfang nimmt, entstehen zween flache, breite, ohrenförmige Fühlfaden c. c.

welche

*) Der Verfasser nennt diesen Wurm Fimbria, wegen der weiter unten angeführten Ursache. Der Ritter Linné rechnet ihn, in der zwölften Ausgabe seines Systems, p. 1089. zu den Geschlechte der Tethys, und giebt ihm den Brynamen unsers Verfassers. Hr. Müller hat in der Erklärung des Linneischen Systems diesen durch Kerbenmaul auszudrücken gesucht, S. VI. Band, I. Theil, Seite 92. Und diesen Namen habe ich beybehalten lassen, weil er eine Eigenschaft des Thiers anzeigt, und auch der erste gegebne deutsche Namen ist.

welche keine Vertiefung oder Aushöhlung besitzen, und vier Linien breit und sechs
Linien lang sind.　Diese stellen, vermöge ihrer Gestalt, die Ohren eines Spürhundes nicht übel vor.　Weder an der Wurzel dieser Fühlfaden, noch auch an
einem andern Theile des Kopfes sind Augen anzutreffen; denn, wenn sie da wären, so würde man sie an dem ganz weißen Körper wenigstens mit dem Vergrößerungsglase entdecken können.

§. 3.

Rückwärts hinter den ohrenförmigen Fühlfaden fängt der Rücken d. an,
welcher, indem er nach und nach schmäler wird, die Gestalt einer Pyramide oder
eines Kegels hat.　Die Länge desselben beträgt drey Zoll und sechs Linien und
die Grundfläche einen Zoll und zwey Linien im Durchmesser.

Die Seiten des Rückens sind durch eine doppelte Reihe von fleischichten
und weißen Anhängen e. e. e. e. welche theils eine kegelförmige, theils eine walzenförmige Gestalt haben, geziert.　Die größten dieser Anhänge sind fünf, die
kleinsten zwo Linien lang.　Außerdem bemerket man verschiedene Erhabenheiten f. f. f. auf dem Rücken, aus welchen gemeiniglich ein und der andre Anhang
entsteht.　Ich kann aber nicht gewiß behaupten, ob diese verschiedene Gestalt und
Größe der Anhänge dem Thiere natürlich sey, weil ich es nicht eher erhalten habe, als bis es schon vier und zwanzig Stunden todt gewesen war, und ich habe
auch nachher kein anderes lebendig erhalten können.　Es könnten daher einige
von diesen Anhängen durch eine Verletzung verstümmelt, andere wohl gar gänzlich
vernichtet seyn.　Auf beyden Seiten des Rückens befinden sich andere größere
Erhebungen g. g. diese sind aber Theile des Unterleibes, welcher viel weiter als
der Rücken ist.

§. 4.

Betrachtet man unser Thier (Fig. 2.) auf dem Rücken liegend, so erblickt
man folgendes: Zween Zoll und zwo Linien unter dem Rande der Lippe den
ohrenförmigen Mund a. welcher mit einer dicken sieben Linien langen und drey-
zehn Linien breiten Haut b. überall umgeben ist.　Diese Haut bedecket gleichsam
anstatt der Lippe den Mund, oder sie umgibt ihn vielmehr, endiget sich in dem
obern Theile in einen spitzigen Ausschnitt, und erhält eine herzförmige Gestalt c.
Von dem untern Theile d. der vorbenannten Haut entsteht bis zum Anfange

des Unterleibes e. der Hals, welcher einen Zoll und fünf Linien breit ist. Auf der rechten Seite des Halses, wenn man nämlich das Thier von vorne betrachtet, auf der linken Seite aber, wenn man es rücklings ansieht, ein wenig unter der befranzten Lippe, kommen die äußern Geburtsglieder zum Vorschein; oben ist ein Loch, durch welches die männliche Ruthe herausgeht, und drey Linien unter diesem liegt die Oefnung der Mutterscheide g.

Die feste, dünne und kegelförmige männliche Ruthe (Fig. 3.) ist nahe an ihrer Grundfläche mit einer geilenförmigen Erhabenheit versehen; doch hat sie weder eine Hornröhre, noch eine Rinne, wie die männliche Ruthe der Lernea.

Von dem Ende des Halses bis zum äußersten Ende dehnt sich der ovale Unterleib aus, welcher nur an dem dunkelgefärbten Theile hohl ist. Diese dunklere Farbe wird in dem Thiere selbst von den Eingeweiden verursachet, welche hier unter der dünnen Haut durchscheinen. Diese ganze Haut aber ist inwendig und auswendig weiß, und besteht aus unzähligen dickern und dünnern Fasern, welche netzförmig liegen, so, wie die Bedeckungen der Lernea, wovon ich im vorigen Abschnitte gehandelt habe. Alle diese erwähnten Fasern sind musculös, und im Unterleibe laufen zwischen ihnen verschiedene Vertiefungen. Daher ist der Unterleib des Kerbenmaules dem Fuße einer Gartenschnecke völlig ähnlich, und ich halte dafür, daß es durch dessen Hülfe bisweilen an Steinen und andern harten Körpern anhängt. Auf dem Rücken, Halse und der Lippe, welche mit dem befranzten Rande versehen ist, befindet sich eine glatte glänzende Decke, den Rand ausgenommen, welcher gleichsam mit dem feinsten gefärbten Pulver besprengt ist, und inwendig nicht aus netzförmigen und lockern Fasern, sondern aus einer festen Substanz besteht, welche die schwarze Farbe, wie man auswendig sehen kann, größtentheils durchdringt.

§. 5.

Wenn man den Unterleib öfnet, so erscheint in seinem obern Theile ein wenig unter dem Halse zu allererst die weite Gebährmutter, welche von weißlich gelber Farbe ist. Unter dieser befindet sich der fast kugelförmige Eyerstock, bey welchem das weißlichte gebogene Gefäß oder die Nebengeilen liegen. Die Speiseröhre, welche von dem Munde anfängt, endigt sich in den lappenähnlichen (lyripipiformem) Magen, welcher aus weißen fleischichten Fasern zusammengesetzt ist

und

und nach dem Rücken zu liegt. Von dem Magen entstehen die Gedärme, welche in verschiedene Bogen zusammengedrehet sind und die grünlichte Leber überall begleiten. Endlich nehmen die Gellen den untersten Platz der Höhle des Unterleibes ein, von welchem das oben erwähnte gebogene Gefäß nach der Gebährmutter geht.

Ich habe nicht für nöthig gehalten, die Gestalt der innern Theile des Kerbenmauls abzuzeichnen, weil sie denen, welche in der Lernea enthalten sind, nicht unähnlich sind. Jedoch siehet man aus der Vergleichung jetzt erwähnter Eingeweide mit den Eingeweiden der Lernea, daß einige in diesem Thiere mangeln, welche der Lernea von der Natur gegeben worden sind. Denn in dem Kerbenmaule fehlet der zweyte Magen, das muschelförmige Bein, und die Lungen. Ich gedenke nicht des Herzens, der Gefäße und der Nerven, weil sie vielleicht meinen Augen entgangen sind.

§. 6.

Unser Kerbenmaul wohnt in dem Meere, wo man es nur bey der stärksten Sonnen-Hitze siehet und daselbst durch Netze zugleich mit den Fischen fänget. Folglich wird es gefischt, wenn es frey die Meeres-Wellen durchstreicht, weil die Fischer bey dem Fischfange mit den Netzen nicht an die Klippen kommen. Uebrigens zweifle ich gar im geringsten nicht, daß es eben sowohl, wie die Lernea, an den Steinen und dem sandigten und thonigten Boden des Meeres bisweilen anhänge, und sich auch von denselben, entweder freywillig oder durch die heftigen Wellen, entferne.

Verschiedene Seeschwämme dienen unserm Thiere zur Nahrung, so viel ich aus dem, was in dem Magen enthalten war, habe schlüßen können. Weil der zweyte mit Zähnen versehene Magen mangelt, und es außerdem auch im Munde keine Zähne hat, so glaube ich nicht, daß es sich von Schalthieren ernähret. Die zarten Fasern der Seeschwämme aber kann es leicht verdauen, welche auch in dem zartesten Magen, durch das Seewasser, von gleichartigen Säften aufgelößt werden, und fast von selbst aus einander fließen.

Zur Speise wird es von niemand angewendet, ob ihm gleich die Fischer keine schädliche Eigenschaft beylegen. Doch würde ich aus dem Bau desselben muthmaßen, daß es ohne Schaden zur Speise könne genommen werden. Denn

die

die giftführende Drüse fehle, und man empfindet keinen so ekelhaften Geruch, wie von der Lernea, welcher zum Erbrechen bey Weichlichern reitzen könnte. Hierzu kömmt noch, daß alle Thiere, auch selbst die giftigsten, ohne Schaden können genossen werden, wenn vorher alle giftführende Theile weggenommen worden, welches der Gebrauch der Vipern und anderer Schlangen zur Gnüge zeigt. Ja es giebt sogar einige, welche behaupten, daß diese Sorgfalt unnöthig sey, weil die mit Gift versehenen Thiere nicht anders, als lebendig und erst alsdenn, wenn sie aus Zorn entbrannt wären, dem Menschen schaden könnten. Jedoch gebe ich gerne zu, daß das Kerbenmaul wegen seines faserichten Wesens schwer zu verdauen seyn würde.

§. 7.

Diejenigen, welche mit den Schriftstellern der Naturgeschichte bekannt sind, werden leicht einsehen, daß ich nur einen neuen Namen demjenigen Thiere gegeben habe, welches ehedem Rondeletius, Fabius Columna und Aldrovand unter der dritten Gattung des Seehasens beschrieben haben. Jedoch glaube ich, daß meine Arbeit nicht ganz überflüßig seyn wird, theils weil ich mich bemühet habe, eine bessere Zeichnung dieses Thieres zu geben, theils aber auch, weil ich den Naturforschern habe bekannt machen wollen, daß es ein ganz anderes Geschlecht sey, als uns die angeführten Schriftsteller lehren. Damit aber die Wahrheit dessen, was ich gesagt habe, desto deutlicher erhelle, so halte ich für gut, einige Stellen dieser Schriftsteller anzuführen. Rondeletius*) sagt folgendes: Das dritte Geschlecht des Seehasens ist an Substanz, Kräften und Eigenschaften dem ersten völlig gleich; daher habe ich auch für gut befunden, es unter die Seehasen zu rechnen. Hieraus ist nun deutlich, daß Rondeletius unser Thier wegen seiner Substanz, Kräfte und Eigenschaften zu den Seehasen gerech-

*) p. m. 516. Tertium genus leporis marini substantia, viribus & facultatibus simile est, quam ob causam inter lepores marinos numerandum duximus. Hierbey ist zu merken, daß der Ritter Linne diesen Seehasen des Rondeletius von dem Kerbenmaule unsers Verfassers unterschiede, und ihn für die zweyte Art des Geschlechts Tethys, mit dem Namen Tethys leporina, annehme; daher auch die Verschiedenheiten in der Beschreibung zu erklären sind. Hr. Müller nennt diese Art das Haarmaul. S. deßselb. Erklär. VI. Theil, I. Band, Seite 92.

gerechnet hat. Man sieht aber leicht ein, daß diese Geschlechts-Kennzeichen sehr ungewiß sind, wenn man überlegt, daß zu unsern Zeiten alle bekannten Körper nach der gewissen Gestalt und Lage der äußern Theile weit besser in Klassen, Ordnungen, Geschlechter und Gattungen abgetheilt werden.

Man kann folglich nicht, wegen der Substanz und Kräfte, zwey in Ansehung der äußern Theile unterschiedene Thiere zu einem und eben demselben Geschlechte bringen. Wenn es aber dem Rondeletius gefallen hat, mehrere Thiere, welche einerley Substanz und eben dieselben Eigenschaften haben, zu einem Geschlechte zu rechnen, warum hat er nicht das ganze Geschlecht der Sepia zu einer Gattung des Seehasens gemacht, welche gewiß in Ansehung der Substanz eben so gut, als unser Kerbenmaul, mit dem Seehasen der Alten übereinkömmt, und dessen Arten, sowohl als das Kerbenmaul, schwer zu verdauen sind? Aus oben angeführten Gründen aber verneine ich, daß das Kerbenmaul mit dem Seehasen der Alten, in Ansehung der Kräfte und Eigenschaften, überein komme. Selbst Rondeletius hat einigen Unterschied bemerkt, wie aus dem folgenden zu ersehen ist: Endlich glaube ich, daß dieses dieselben Kräfte, aber nur in schwächern Grade, habe, welche wir, nach der Meynung der Alten und nach unserer Erfahrung, dem ersten Geschlechte zugeschrieben haben. Außerdem ist die Meynung des Rondeletius von den giftigen Eigenschaften der dritten Gattung des Seehasens oder unsers Kerbenmauls ganz; ungegründet, wie folgende Worte lehren: Es erregt durch den sehr unangenehmen und fischartigen Geruch Ekel. Ist aber nicht aller Fische Geruch unangenehm und ekelhaft? Wie viel unterschiedene Geschlechter aber machen die Fische nicht nach dem Rondeletius, welche, ob sie gleich nach dieser Eigenschaft mit einander überein kommen, dennoch deßhalb gar im geringsten nicht giftig sind?

Auch Aldrovand *) macht unser Kerbenmaul zu der dritten Gattung des Seehasens, so viel ich aus der von ihm gegebenen Zeichnung habe urtheilen können. Er hat von ihm eine solche Beschreibung gegeben, daß man glaubt, er habe eher ein anderes Thier als dieses beschrieben; hiervon will ich nur folgendes anführen:

B 3   Sie

*) Im ersten Buch de Mollibus, im 7ten Kap. nach der Bolognser Ausgabe, vom 1642. Jahre, 81. Seite. Die Abbildung des Aldrovand scheint nichts als eine Kopie des Rondeletius zu seyn.

Sie hat sieben blaue Anhänge, welche mit unzähligen Rüsseln besetzt sind, vermöge welcher sie saugt und dem Körper Nahrung verschaft.
Ich aber habe keine mit Rüsseln besetzte Anhänge um den Mund der Finibria
gefunden, und weis auch nicht, daß sie irgend ein Schriftsteller bemerket hätte,
ausgenommen Bellonius, dessen Beschreibung von der dritten Gattung des Seehasens Aldrovand in seinem Werke angeführt hat. Jedoch wenn auch diese
Rüssel in dem Thiere, wovon Aldrovand eine Zeichnung giebt, da sind, so erhellet aus eben denselben Ursachen, daß es von dem Geschlechte des Seehasens
sehr verschieden sey.

§. 8.

Weil also auf diese Art zur Genüge, wie ich glaube, dargethan ist, daß das
Kerbenmaul, weder nach den Rondeletius oder Aldrovand, noch nach meiner
Beschreibung, §. 1. 2. 3. 4. zu dem Geschlechte des Seehasens der Alten, oder der
im ersten Abschnitte beschriebenen Lernea gehöre so halte ich gar nicht für nöthig,
mehrere Beweise, um dieses zu befestigen, anzuführen, je gewisser ich hoffe, daß
jedermann, gleich aus der Vergleichung der Zeichnungen von der Lernea und des
Kerbenmauls, einen großen Unterschied zwischen beyden bemerken wird. Weil
man aber dem ohngeachtet den Einwurf machen könnte, daß das Kerbenmaul
mit der Lernea am besten zu einem und eben demselben Geschlechte könne gebracht
werden, weil alle beyde mit zween ohrenförmigen Fühlfaden versehen wären, und
die Anzahl und Gestalt der Fühlfaden nach der Meynung des Linne ein Geschlechtskennzeichen ausmache, so habe ich mich bemühet, diesen Einwurf durch
folgende Beweise zu heben. Linne betrachtet zwar vorzüglich die Anzahl der
Fühlfaden bey Festsetzung der Geschlechter der Würmer; jedoch scheint er sie
nicht für das einzige bestimmte Kennzeichen anzunehmen. Denn wenn man ein
wenig genauer seine Geschlechtskennzeichen durchgehen will, so wird man sehen,
daß er, bey Bestimmung der Geschlechter der Würmer, die Gestalt des ganzen
Körpers und auch die Beschaffenheit der andern Theile sehr in Betracht gezogen
habe. So sind nach ihm der Seestern und die Medusa zwey verschiedene
Geschlechter, weil der Körper des Seesterns in Strahlen getheilt ist (radiatum),
diese aber einen zirkelförmigen Körper und außerdem kreisförmige Runzeln hat,
ob gleich beyde mit vielen Fühlfaden versehen sind. Daher, ob gleich die Lernea

und

und das Kerbenmaul zween ohrenförmige Fühlfaden von der Natur erhalten
haben, so können sie doch nicht deswegen, auch nach der Meynung des Linné, unter einem und eben demselben Geschlechte begriffen werden; denn er sagt, wie ich
in dem vorhergehenden Abschnitte erwähnt habe, daß die Lernea einen runden
Körper und eine durchbohrte Stirn habe, welche Bildung der Theile man
bey der Fimbria nicht bemerket. Ich verschweige auch, daß die Gestalt der
Fühlfaden an beyden Würmern sehr verschieden sey, so, daß diese Verschiedenheit
allein ein Geschlecht von dem andern trennen könnte, so wie die Botaniker wegen der Gestalt der Befruchtungstheile eine Pflanze von der andern sehr oft
trennen.

Wiewohl ich nun im vorigen Abschnitte §. 20. das Geschlechtskennzeichen
der Lernea kürzlich, nach dem Gebrauch des Linné, zu bestimmen, mich bemühet
habe, so will ich doch, weil sie einigen nicht bestimmt genug scheinen können,
folgende Beschreibung von derselben geben: Die Lernea ist dasjenige Geschlecht der Würmer, welches mit einem fast eyförmigen Körper versehen
ist, auf dem Rücken ein Schild hat, worunter die Lungen liegen, und
zween Fühlfaden auf der Stirne, welche den Mäuse-Ohren ähnlich sind,
und dessen Mund der Länge nach lieget. Das Kerbenmaul aber ist derjenige Wurm, welcher, mit einem länglichen Körper, einem pyramidenförmigen und mit zugespitzten Anhängen versehenen Rücken, zween
Fühlfaden auf der Stirne, welche den Ohren eines Spürhundes ähnlich
sind, einer großen befranzten Lippe und mit einem röhrenförmigen Munde begabt ist.*)

§. 9.

*) Mich wundert, daß unser Verfasser hier nicht die Beschreibung und Abbildung des
Columna, dessen er doch oben im siebenten Paragrapho gedenket, mit der seinigen
vergleicht. Fabius Columna giebt in seinen Bemerkungen über einige land- und
Wasserthiere, (aquatil. et terrestr. Animal. Observan.) welche den ersten Theil seiner *****minus cognitarum rariarumque stirpium, Romae, MDCXVI. 4. begleiten, drey Beschreibungen des von ihm sogenannten Seehasens, davon zwey zu diesem
Geschlechte zu gehören scheinen. Die dritte aber gehört ohnstreitig zu dem im folgenden
Abschnitte beschriebenen Argus, wovon wir auch alsdenn reden werden. Von der
ersten Art sagt er, daß sie dem Seehasen des Dioscorides in vielen Stücken ähnlich

§. 9.

Da ich auf diese Art eine Beschreibung sowohl der Lernea, als auch des Kerbenmauls gegeben habe, so hoffe ich, man werde meiner Meynung leichtlich beypflichten, daß jedes ein besonderes Wurm-Geschlecht ausmache. Ich habe daher

lich sey; wenn Zoll lang, und drey Zoll ohngefähr breit. Sie sey so fleischig und weich, wie der Kuttelfisch, habe einen unangenehmen Geruch, und sey allenthalben mit Franzen und herunter hängenden Lappen umgeben. Man werde weder Kopf noch Augen an derselben gewahr, sondern es rage an deren Stelle eine innere Röhre unter dem kreisförmigen Knorpel hervor, welche am Rande mit schwarzen Flecken besetzt sey. Der Körper sey ganz weiß. Um den Bauch sey ein Knorpel, wie bey dem Kuttelfisch; im übrigen aber sey der Körper der Gartenschnecke ähnlich. Was Columna von dem innern Theilen sagt, ist sehr unvollkommen. Unterdessen sieht man aus dieser Beschreibung, daß dieser Wurm sehr viel mit unserm Kerbenmaule gemein habe; nur mangelt diesem der Knorpel, welcher an jenem befindlich ist. Die Abbildung nähert sich sehr derjenigen, welche Rondeletius gegeben hat. Columna beschreibet eben daselbst auf der 22sten Seite diese Art nochmals nach dem Leben und giebt auch auf der 16sten Seite eine neue Abbildung, welche allerdings viel Aehnlichkeit mit unserm Kerbenmaule hat, sich aber doch durch den mit Haaren besetzten Rand hinlänglich unterscheidet, daher auch Linné eine neue Art, nämlich das Haarmaul, (Tethys leporina) daraus gemacht hat. Aus der Beschreibung merken wir noch folgendes an. Die vordern Theile derselben sind sehr breit; auf beyden Seiten, nahe am Halse, hängen zwey Fortsätze, statt der Ohren; der Hals ist schmal; der Körper ragt hervor, die Seiten sind aufgeschwollen und inwendig roth, und ebern dem Orte nach, wo die Augen bey dem Blackfische zu liegen pflegen. Alsdenn folgt der Rücken, welcher nach und nach schmäler wird, gelblich und etwas rauch ist, auf beyden Seiten hat dieser Neben größere Lappen, welche eingebogen sind, und eben so viel kleinere, die rauch und zusammengerollt sind. Diese streckt der Wurm, wenn er lebt, aus. Der Bauch ist oval, und endigt sich in einem scharfen knorpichten, wellenförmig gebogenem Rand, welcher fleischig, wie bey der Gartenschnecke, aber dem Knorpel in dem Kuttelfische ähnlich ist. Wenn das Thier auf dem Rücken liegt, so sieht man auf der untern Seite, daß der vordere Theil mit einer Vertiefung versehen ist, deren Mündung krumm, und mit einem schwärzlich purpurrothen Bande gezieret ist. Am Rande stehen sehr viel Haare oder Bartfaden, die der Wurm, wie die Seenessel, ausdehnen und zusammen ziehen kann. Auf der obern Seite ist der Rand mit zwey Fürchen versehen,

und

daher nur noch die Ursache anzugeben, warum ich diesen hier beschriebenen Wurm das Kerbenmaul (Fimbria) genennet habe und einen andern Zweifel, welcher bey einigen entstehen könnte, zu heben. (Taf. 5. Fig. 1.) Den Namen Fimbria habe ich ihm wegen der befranzten Lippe gegeben.*) Und ob gleich derselbe nicht ganz schicklich ist, so schien er doch deswegen der beste zu seyn, weil er wenigstens die Bildung eines Theiles angiebt.

Rondeletius sagt bey der Beschreibung unsers Thiers, daß man fast in der Mitte der hintern Seite den Mund finde; der Theil über dem Munde sey eine Röhre, welche der bey dem Kuttelfische ähnlich, eyförmig, im Umfange aber gekerbt sey. Hieraus könnte jemand muthmaßen, daß ich vielleicht die Röhre des Kerbenmauls, mit welcher die Röhre des Kuttelfisches von dem Rondeletius verglichen worden ist, für den Mund gehalten und daher in der Beschreibung desselben fälschlich gesetzt habe: mit einem röhrenförmigen Munde, da nach dem angeführten Schriftsteller dieses eine besondere Röhre ist. Um also diesen Zweifel zuvor zu kommen, so kann ich mit aller Gewißheit behaupten, daß ich keine andere Oefnung wie einen Mund, auf der hintern Seite des Kerbenmauls, so sehr ich mich auch bemühet habe, entdecken können. Damit ich aber desto gewisser beweisen kann, daß diese Röhre §. 3. der Mund der Fimbria sey, so muß ich folgenden Versuch anführen: Als ich einen Stiel ganz fein in die Röhre steckte, und hernach den Unterleib aufschnitt, so kam der Stiel in den Magen. Ob ich nun gleich daher nicht selbst behaupten kann, durch welchen Theil des Kerbenmauls der Unrath seinen Ausgang habe, so halte ich doch die erwähnte Röhre ganz gewiß für den Mund unsers Wurms.

und mehr aufgeschnitten. Aus dem Mittelpunkte der Vertiefung geht eine Röhre, die so dicke ist, als ein Finger, welche innerlich gelblich ist, und, wenn sie sich öfnet, einige Erhabenheiten hervor zeigt. In der Mitte des Bauchs läuft eine hellrothe Linie nach der Länge lang. Wenn dieser Wurm drey Tage aufbehalten ist, so wird er gelblich; die kleinen Haare verderben sehr bald, so wie der obere Theil der Vertiefung. Hieraus erhellet, daß dieses vom Columna beschriebene Haarmaul eine besondere Gattung, und daß des Rondeletius seine dritte Art des Seehasens auch zu derselben zu rechnen sey.

*) Weil diese Lippe gefranzt ist, hat Hr. Müller den Namen Kerbenmaul angenommen.

Dritter Abschnitt.
Von dem Argus.^{?)}

§. 1.

Der Ritter Linné hat unter andern auch folgende Vorschriften den Naturforschern gegeben: Alle Körper eines Geschlechts müssen einerley Geschlechts-Namen haben; diejenigen aber, welche dem Geschlechte nach unterschieden sind, müssen verschiedene Namen bekommen. Diejenigen Geschlechts-Namen, welche das wesentliche Kennzeichen und die Gestalt der Sache ausdrücken, sind die besten. Wer ein neues Geschlecht festsetzt, muß ihm auch einen Namen geben. Diesem zufolge, wird mich hoffentlich niemand tadeln, daß ich dem jetzt zu beschreibenden Thiere, den Namen Argus, jenes mit hundert Augen versehenen Ungeheuers der Dichter, beygeleget habe: denn, ob er gleich das Geschlechtskennzeichen nicht gänzlich ausdrückt, so zeigt er dennoch wenigstens ein Kennzeichen desselben deutlich an. Und ich habe auch keine Ursache, mir über diesen Namen, (welchen ich deswegen ihm gegeben habe,) Sorge zu machen, weil ich ähnliche Namen gefunden habe, welche diesen Thieren wegen einer gewissen Eigenschaft von berühmten Männern gegeben worden. Dergleichen sind: Elater, (Springkäfer,) Forficula, (Ohrwurm,) Ephemera, (Tagthiergen,) Monoculus, (Schildfloh) unter den Insekten, Argentina, (Silberfisch,) Xiphias, (Degenfisch,) Labrus, (Lippfisch,) Gasterosteus, (Stachelbarsch,) Petromyzon, (die Pricke,) Monodon, (der Narval) unter den Fischen, Testudo, (die Schildkröte) unter den Amphibien, und endlich Vespertilio, (die Fledermaus,) und Hystrix, (das Stachelschwein) unter den vierfüßigen Thieren. ^{**)}

Doch

---

*) Linné rechnet diesen Wurm zum Geschlecht *Doris*, und nennt ihn *Doris Argo*, ovalem corpore laevi, tentaculis duobus ad os, ano ciliato phrygio. S. dess. Syst. I. Theil, 1083. no. 4. Hr. Müller hat ihn, in seiner Erklärung, den rothen Argus genennt. S. das. VI. Theil, I. Band, Seite 70.

**) Was hier der Verfasser sagt, bezieht sich vornämlich auf die lateinische Nomenclatur. Doch haben wir im Deutschen sehr viele ähnliche Namen angenommen, und sind dazu

wegen

Doch könnte man meine Benennung deswegen tadeln, weil der Namen Argus schon andern Thieren gegeben worden ist. So heißet nämlich der Schmetterling mit sechs Füßen, mit runden ganzen blauen Flügeln, und mit vielen (zahlreichen) Augen auf der untern Seite, nach dem Linne,[*] und die Porcellan-Schnecke, welche lang und walzenförmig ist, nach dem Klein,[**] auch das Silberauge, nach andern Argus, so, daß daher eine Verwirrung entstehen wird, indem ein neues Thier auch eben diesen Namen erhalten hat. Allein da ich vorzüglich nach dem System des Linne gehe, und dieser keinem Thiere den Namen Argus beygelegt hat, so hoffe ich, daß daher keine Verwirrung entstehen wird, wenn unter den Würmern ein neues Geschlecht vorkömmt, welches den Namen Argus hat.[***]

§. 2.

Der ganze Körper des Argus (Taf. 5. Fig. 4.) ist senkrecht zusammengedrückt, in der Mitte sechs Linien dick, von da nimmt er überall nach und nach ab, so daß er am Rande nur eine halbe Linie dicke ist. Die Länge desselben beträgt drey Zoll und fünf Linien, die Breite aber zwey Zoll. Auf der rechten Seite oder dem Rücken glänzt er scharlachroth, allein auf der verkehrten Seite oder auf dem Bauche ist er angenehm gelblich gefärbt, und auf beyden Seiten ist er mit weißen und schwarzen Flecken sehr schön bezeichnet.

Der ganze Körper besteht aus einem zähen, lederartigen und festen Wesen und ist im Durchschnitt überall gelb gefärbt. In dem Umkreise des Körpers ist

H 2 dieses

wegen des Mangels kurzer, eigner und schicklicher Wörter genöthiget worden. Beweise hiervon sind allzu häufig, als daß ich nöthig hätte, einige Beyspiele anzuführen. Man sehe Müllers Erklärung des Linne'schen Systems, wo dieser Name auch mit Recht beybehalten ist.

[*] Fauna Suecica, p. 226. no. 1074. Linn. Syst. Nat. ed. XII. p. 789. no. 231. Müllers Erklär. des Linn. Syst. V. Theil, I. Band, Seite 625.

[**] Tentam. Meth. ostracol. §. 229. no. 2. Dieser ist kein Geschlechts-Name, sondern nur ein Trivial-Name der Art, den Linne auch beybehalten hat. Er nennt diese Schnecke Cypraea Argus. S. l. c. 1173. no. 328.

[***] Hr. Dobadsch hat Recht, in so fern er von Geschlechts-Namen redet. Die etwa zu besorgende Zweydeutigkeit ist aber dadurch gehoben, daß Linne diesen Argus zu einer Art des Geschlechts Doris gerechnet hat, wie oben bemerkt worden ist.

dieses Wesen biegsam, und wird auch daher nach Willkühr des Thieres in verschiedene Vertiefungen und Falten x. x. x. x. zusammengedreht.

§. 3.

Der Kopf, welcher bey allen Thieren, wegen seiner sonderbaren Struktur,
sehr leicht erkannt wird, ist bey dem Argus, wenn man ihn von der Seite des
Rückens betrachtet, nicht zu bestimmen.　Denn die ovale Figur des Körpers
und der fast gleiche Durchmesser in dem Umfange zeichnet den Kopf nicht aus.
Die Fühlfaden aber, welche gegen die beyden äußersten Enden zu erscheinen, b. b. c. c.
scheinen auch die Gegenwart des Kopfs streitig zu machen.　Jedoch, wenn man
einen dieser Theile, wenn das Thier diese Lage hat, für den Kopf annehmen
wollte, so würde man ohne Zweifel denjenigen erwählen, wo man die östigen
Fühlfaden siehet; weil daselbst zugleich die pyramidenförmige und mit einem
Loche versehene Erhabenheit sichtbar ist, die man für den Mund annehmen würde.
Allein wenn das Thier umgekehrt wird, so wird der Kopf in dem Theile des
Körpers erscheinen, wo die runden Fühlfaden hervorragen.　Denn gerade unter
diesen liegt auf dem Bauche der Mund a. nebst zween andern Fühlfaden b. b.
(Fig. 5.)　Da nun von allen zur Regel angenommen worden ist, denjenigen
Theil eines jeden Thieres Kopf zu nennen, welcher mit Mund und Augen verse-
hen ist, so bleibt kein Zweifel mehr übrig, daß der jetzt gleich zu beschreibende
Theil den Kopf des Argus ausmache.

Der Kopf des Argus also ist, (Fig. 4.) so wie ich von dem ganzen Körper
gesagt habe, senkrecht zusammengedrückt, sieben Linien lang und einen Zoll breit,
auf dessen hinterer *) Seite zween runde Fühlfaden b. b. welche eine Linie dicke
und vier Linien lang sind, hervorragen.　Die Hälfte dieser Fühlfaden, oder die
Grundfläche, ist weiß und liegt in runden kleinen Vertiefungen e. e. welche in
der Substanz des Kopfs zwey Linien tief ausgehöhlt sind.　Die Spitze, welche
überall mit schwarzen Punkten besetzt ist, ragt außerhalb dieser kleinen Vertiefungen hervor und ist ihrer Gestalt nach den jungen Morgeln **) nicht unähnlich.

Diese

---

*) Im Text stehet prona pars, aber aus der Verbindung mit dem folgenden, und aus der
　　Figur, folget, daß es die hintere Seite, die nach dem Rücken zu liegt, seyn müsse.

**) Phallus esculentus. *Linn.* Spec. Plantar. T. II. p. 1648. Boletus esculentus, rugo-
　　sus, albicans, quasi fuligine infectus. *Micheli* nov. gener. Plant. p. 203. T. 85.
　　Fig. 2. **Dietrichs Pflanzenreich,** II. Theil, p. 1307.

Diese schwarzen Punkte an der Spiße, welche auf ihrer Grundfläche etwas dicker sind, halte ich, für eben so viel Augen, welche, da man leicht hundert und noch mehrere zählet, mir Gelegenheit gegeben haben, daß ich diesen so schönen Wurm Argus genennt habe.

Wenn die jetzt gleich beschriebenen Fühlfaden mit dem Finger oder mit sonst etwas berühret werden, so ziehen sie sich plößlich ganz und gar in ihre kleinen Vertiefungen wieder zurück. Daher sind diese kleinen Vertiefungen von dem Schöpfer gemacht, daß die Augen bey erforderlicher Gelegenheit in denselben können verborgen und wider die äußern Beleidigungen vertheidiget werden. Warum aber die augentragenden Fühlfaden unsers Thieres in den kleinen Vertiefungen und nicht in dem Körper selbst verborgen werden, wie wir es an der Gartenschnecke bemerken, läßt sich aus dem Bestandwesen des Argus selbst herleiten. Denn dieses ist, wie ich kurz vorher gemeldet habe, fest und zwar so, daß es auf keine Art zusammengezogen und wiederum ausgedehnt werden kann. Daher ist es auch zur Aufnahme der Fühlfaden nicht bequem; folglich sind wegen der Sicherheit der Augen die kleinen Vertiefungen höchst nothwendig.

Da also die Substanz des Körpers in dem Argus auf keine Art nachgiebt, so, daß die Fühlfaden in dieselbe könnten aufgenommen werden, die runde und sattsam enge Gestalt der kleinen Vertiefungen aber nicht zuläßt, daß sie in diesen eingebogen würden, so erhellet hieraus, daß die Fühlfaden so beschaffen seyn müssen, daß sie kürzer und auch länger können gemacht werden. Die Fühlfaden werden daher, wenn sie in die kleinen Vertiefungen eintreten, weil kürzer und dicker, wenn sie aber außer diesen hervorragen, werden sie dünner.

Auf der untern Seite des Kopfes (Fig. 5.) kömmt eine zitzenförmige Erhabenheit a. vor, welche ganz nahe bey dem Bauche liegt und fünf Linien von dem Rande entfernt ist. In der Mitte dieser Erhabenheit sieht man ein kleines eyförmiges Loch, welches den Mund des Argus ausmacht. An den Seiten des Mundes liegen zwey andere Fühlfaden, wie ich kurz vorher erinnert habe, welche auch rund, und gelb gefärbt sind. Diese scheinen deswegen dem Argus gegeben zu seyn, damit er durch die Hülfe dieser seine Speise nehmen und zum Munde bringen könne. Denn indem die Augen auf der obern Seite des Kopfes liegen, so kann er das, was dem Munde nahe liegt, nicht sehen. Damit ihm

H 3

also

also deswegen nicht alle Speise entgienge, so kann er, vermöge dieser beyden Fühlfaden, seine Beute erhalten.

§. 4.

Der Unterleib c. ist so wie der Gartenschnecken ihrer gebaut, wenn man nämlich denjenigen Theil, auf welchem die Gartenschnecke kriecht, Unterleib nennen kann.*) Er liegt auf der untern Seite in der Mitte und ragt drey Linien über den übrigen Körper hervor. Er ist länglicht rund und im Umfange, mit einer Franze d: versehen, welche eine Linie dick ist. Diese Franze aber ist ein Muskel, welcher um den Unterleib herum geführt ist, vermöge dessen der Argus an Felsen und andern Körpern anhängt.

§. 5.

Nunmehro ist derjenige Theil zu erklären, (Fig. 4.) welcher unsern Argus vorzüglich ziert und ihn von allen andern Thieren unterscheidet. Auf der Seite des Rückens, welche dem Kopfe entgegengesetzt ist, vier Linien von dem Rande, ist ein eyförmiges Loch f. acht Linien lang und fünf Linien breit. Aus der Mitte dieses Loches entsteht ein fleischerner, weißlichter, vier Linien langer und andert halb Linien breiter Stamm, welcher auf beyden Seiten in zween Aeste getheilt wird, davon der rechte acht, und der linke sechs kleinere Aeste hat, welche endlich in ganz kleine dünne Aestgen sich endigen. Außer diesem geht ein anderer breiter Ast g. gegen den Kopf zu, welcher in der Mitte des erstern Stammes entsteht. In allen Aesten und Aestgen wird man viele schwärzliche Punkte mit dem bloßen Auge gewahr, welche diesen baumartigen Theil nicht wenig verschönern. Ich konnte aber nicht einmal mit gewaffnetem Auge entdecken, ob diese Punkte hohl sind. Unterdessen glaube ich, daß es Oefnungen der Gefäße, die zur Ausdünstung dienen, seyn, und daß die ganze vorher erwähnte Geräthschaft von Aesten das Eingeweide der Lungen ausmache, wie sich aus der verglichenen Zergliederung der Fische, Raupen und der Lernea muthmaßen läßt. Denn bey den Raupen öfnen sich die ausdünstenden Punkte an den Seiten des Körpers;**) in den Füchen sind die Kiefern, welche die Verrichtung der Lungen haben,

---

*) Dieser Theil wird jetzt gemeiniglich in der Naturgeschichte der Fuß genennt. -

**) Der Verfasser scheint hier die Ausdünstung mit dem Athemhohlen zu vermengen, da

jedes

haben, mit knöchernen Decken so bedeckt, daß sowohl das Wasser, als auch die Luft frey hinzukommen kann. *) Und endlich sind in der Lernea die Lungen auch ästig.

Wenn der Argus in Meer-Wasser lebt, so breitet er seine Lungen, dieses bewunderungswürdige Eingeweide, aus. Wenn er außerhalb des Wassers sich aufhält und mit dem Finger berührt wird, so zieht er es in Gestalt einer Krone zusammen, und wenn diese Berührung (und diese Reizung) lange fortgesetzt wird, so verbirgt er die ganzen Lungen innerhalb des eyförmigen Loches, welches alsdenn auch enger wird. Wenn er aber wiederum in See-Wasser gesetzt wird, so wird kurz hernach das Loch wieder weiter und die darinnen liegenden Aeste der Lungen kommen nach und nach hervor, werden länger und breiten sich aus.

Damit mich aber niemand eines Widerspruchs halber tadle, daß ich diesen ästigen Theil die Lungen nenne, welchen ich §. 3. Fühlfaden genennt habe, so muß man merken, daß ich diese Aeste der Lungen daselbst nur wegen der Aehnlichkeit Fühlfaden genennt habe, um zu zeigen, wie schwer es sey, den Kopf des Argus zu bestimmen.

Zwischen dem Stamme der Lungen und dem untern Rande des ovalen Loches, erhebt sich ein pyramidenförmiger fleischichter und weißlichter Theil d. welcher an der Spitze eben ist und eine runde Oefnung hat. Diese ist der After des Argus und wird vermittelst eines zusammenziehenden Muskels verschlossen und durch die Gewalt der Muskelfasern, welche von der Grundfläche gegen die Spitze hinaufsteigen, geöfnet.

Man findet den Argus vorzüglich an Meer-Klippen und von da ward mir ein einziger den 27sten des Heumonats gebracht, nachher aber konnte man keinen einzigen mehr finden. Dieses that mir deswegen außerordentlich leid, weil ich

wieder

jedes doch sehr wohl von einander unterschieden zu werden verdient. Die Seitenlöcher bey den Raupen dienen eher zum Athemhohlen, als zum Ausdünsten, und werden auch daher Luftlöcher genennt. Man lese von dem Athemhohlen der Raupen vorzüglich Bonnets und de Geers Abhandlungen, die der Hr. Past. Goeze übersetzt hat, Seite 118.

*) Von dem Athemhohlen der Fische verdienen vorzüglich Gouans Bemerkungen, in seiner Historia Piscium, und Duverneys Erfahrungen, die in dem zweyten Theile seiner Werke befindlich sind, nachgelesen zu werden.

weder die Zergliederung der innern Theile unternehmen, noch andre nothwendige
Bemerkungen anstellen konnte.

§. 6.

Jedoch erhellet aus dieser kurzen Geschichte des Argus, daß er mit keinem
Geschlechte der Würmer, welches von dem Ritter Linné beschrieben ist, über-
einkomme. Ich will daher einige Kennzeichen desselben in folgender Beschreibung angeben: Der Argus ist ein Wurm, mit einem senkrecht zusammengedrückten Körper, mit vier runden Fühlfaden, deren zween auf der obern
Seite mit Augen versehen sind, zween einfache aber auf der untern Seite
des Kopfes nahe bey dem Munde liegen, und welcher mit ästigen Lungen,
welche am After ihre Lage haben, begabt ist. Aus dieser Beschreibung erhellet, daß der Argus, in Ansehung des wesentlichen Kennzeichens, mit unserer
Gartenschnecke viel ähnliches habe, weil diese auch vier Fühlfaden, zween nämlich mit Augen, und zween einfache hat. Hieraus könnte jemand schlüßen, daß
alle beyde unter ein und eben dasselbe Geschlecht müßten gestellt werden. Allein
wenn die Botaniker nach der Lage der Staubfäden der Pflanzen die Geschlechter
verschieden eintheilen können, warum soll es den Zoologen nicht erlaubt seyn, aus
der Lage der Fühlfaden die Geschlechter der Würmer zu bestimmen, da doch diese
ein wesentliches Kennzeichen bey diesen Thieren ausmachen. Da auch außerdem die Bildung des Körpers und die Beschaffenheit der äußern Theile bey
Festsetzung der Wurm-Geschlechter in Betracht gezogen werden muß, und diese
in dem Argus ganz anders, als in der Gartenschnecke und in der Lernea
beschaffen sind: so ist es der Vernunft gemäß, daß ich den Argus nicht zur
Gartenschnecke geworfen, sondern von ihm ein neues Geschlecht gemacht habe.

§. 7.

Aus eben diesen Gründen wollte ich auch nicht den Argus zum Geschlechte
der Lernea rechnen: obgleich Aldrovand*) und Jonston**) ihn unter dem
Namen des Seehasens zu beschreiben scheinen. Ich muthmaße aus den Kupfern der angeführten Schriftsteller, daß ihnen dieses Thier einigermaßen bekannt

---

*) De Mollibus, L. I. C. VII. T. I. Fig. 18. 19. Nach oben angeführter Edition,
　　pag. 82.
**) De Exanguibus aquaticis, L. IV. p. 9. T. I. Fig. VI. p. m. 12.

kannt gewesen sey, wiewohl ihre Beschreibung sehr unpassend ist. Denn wenn ich bedenke, daß der Argus, wenn er berühret wird, seine ästigen Lungen in die Gestalt einer Krone zusammenziehet; zugleich die Kupfer des Aldrovand und Jonstons mit diesem Zustande des Argus vergleiche, so finde ich gleich, daß die genannten Schriftsteller unsern Wurm durch diese Abbildungen haben anzeigen wollen. Die Beschreibung des Jonstons von dem Seehasen aber kömmt nicht im geringsten dem Argus, oder seinem Kupfer, sondern vielmehr der Lernea zu.*) Etwas besser beschreibt ihn Aldrovand, welcher, nachdem er viel von dem Seehasen des Rondeletius gesagt hat, endlich folgendes von unserm Argus anführet:**) Außer diesen erwähnten Geschlechtern kenne ich noch drey andere, eines wovon ich zuerst ein Gemälde gebe, welches dem gemeinen Hasen an Farbe und mit dem vordern Theile ganz ähnlich ist, ich meyne nämlich mit dem Kopfe und Ohren; von hinten erscheint ein ungestaltetes Stück Fleisch, welches mit neun bis zehn Anhängen versehen ist. Dieses halte ich für den wahren Haasen der Alten. Jene neun bis zehn Anhänge, welche Aldrovand an seinem Thiere bemerkt hat, sind nichts anders, als die Lungen unsers Argus, welche er bloß unter dem Namen von Anhängen sehr richtig angemerkt hat; denn übrigens hat er dieses Thier fälschlich für den wahren Seehasen der Alten gehalten, wie man aus dieser kurzen Beschreibung des Argus und der Lernea im ersten Abschnitte leicht einsehen kann. Außerdem kann ich nicht einsehen, auf was für Art er behaupten könne, daß der Argus, welchen doch (wenn irgend ein anderes Thier) der nur angeführte Schriftsteller zu beschreiben scheint, in Ansehung der Farbe und mit dem vordern Theile dem Erdhasen völlig ähnlich sey. Weil aber Aldrovand in allem gemeiniglich dem Rondeletius nachgeahmt, und von diesem Wurm bey ihm keine Abbildung

*) Was Jonston sagt, ist fast von Wort zu Wort aus dem Aldrovand abgeschrieben, woher auch die Abbildung genommen ist.

**) Seine Worte sind: Praeter haec commemorata genera, tria alia novimus: unum cuius picturam primo loco damus. Lepori terrestri, colore et parte anteriori, plane simile, dico capite & auribus, posteriore parte informis apparet offa, novem aut decem appendicibus in fine praedita: hoc verum leporem antiquarum exiſſimo.

J

bildung gefunden hat, so glaube ich, daß er entweder einen trocknen Argus, dessen Farbe schon verändert war, untersucht habe, oder daß er ihn nach der Nachricht der Fischer habe abzeichnen lassen. Daher ist es kein Wunder, daß seine Beschreibung fehlerhaft ist.*)

Daß aber Jonston ganz und gar nicht dieses Thier gesehen und seine Abbildung deswegen nur aus dem Aldrovand genommen habe, weil Aldrovand dieses Thier für den wahren Seehasen der Alten gehalten hat, läßt sich daraus schließen, weil er auch nicht ein Wort zu der Beschreibung des Seehasens hinzu gesetzt hat, was seiner Abbildung ähnlich wäre, oder ihr nur einigermaßen zu käme.

Man könnte daher die Frage aufwerfen, ob den Alten unser Argus wirklich bekannt gewesen sey? Außer dem Aldrovand und Jonston kann ich keinen finden, der seiner gedacht hätte, und diese haben außer einer verstümmelten Abbildung nichts angezeigt, was uns mehr Kenntnisse verschaffen könnte. Endlich muß ich gestehen, daß selbst meine Beschreibung nicht ganz vollkommen, vorzüglich in Ansehung der innern Struktur, ist.

*) Außer dem Aldrovand aber hat doch schon der oben angeführte Fabius Columna den Argus beschrieben, und auch ziemlich gut abgebildet. Er sagt von ihm: Ein Fisch sey ganz glänzend weiß, doch mit vielen gelben Flecken, und einigen schwärzern Flecken besetzt. Es soll drey Zoll lang, und zwey breit gewesen seyn. Uebrigens komme er der Gartenschnecke sehr nahe. S. das oben 64. Seite, *) Innerl. angeführte Buch, p. 24.

Vierter Abschnitt.
Von der Zitterblase.

§. 1.

Nunmehr unternehme ich, die Geschichte der Zitterblase, eines Wurms, welcher mit mehrern Fühlfaden am Kopfe versehen ist, deutlicher auseinander zu setzen, weil er zwar schon von andern Schriftstellern betrachtet und abgezeichnet worden ist, ihre Beschreibungen aber dunkel und ihren Abbildungen, unähnlich sind.

§. 2.

Diejenigen, welche vor dem Ritter Linné von diesem Thiere schrieben, haben es entweder Mentulam genannt, oder ihm einen andern Namen, welcher eben das bedeutet, beygelegt: so nennt es Aquilej*) Veretillum, Vallisnier**) Priapum marinum und die Italiener Cazzo di Mare. Der einzige Rondeletius***) rechnete es zum Holochurium. Der Ritter Linné****) aber gab diesem Wurme den Namen Hydra und zwar als Geschlechts-Namen, indem er die Zitterblase und die Armpolypen, die sich in Sümpfen aufhalten, als Gattungen betrachtete. Nach meinem Bedünken machen die Armpolypen ein eigenes Geschlecht aus, und sollten, wegen ihrer besondern Eigenschaften und verschiedenen Gestalt, nicht zur Zitterblase gerechnet werden. Denn diese hat nach

J 2   dem

---

*) Apolog. I.

**) S. Opere fisico mediche di *Antonio Vallisneri*, in Venetia, 1733. fol. Tom. III. p. 442.

***) In dem zweyten Theile der Geschichte der Thiere, die sich im Wasser aufhalten, hat Rondeletius auch ein Buch, wo er von den Insekten und Zoophyten handelt, und daselbst finde ich, daß er gleich nach dem Holothurio von einigen Gattungen der Mentula handelt. Vermuthlich meynet Hr. Bohadsch diese Stelle, siehe l. c. p. m. 128.

****) Diesen Namen hat Linné in der sechsten Edition seines Systems gegeben. In der neuesten Ausgabe desselben aber nennt er diesen Wurm Holothuris Tremula, welche Hr. Müller durch Zitterblase übersetzt hat. Da nun dieser Name eine Haupteigenschaft, nämlich die zitternde Bewegung, welche das Thier bey seinem Zusammenziehen verursachet, andeutet, so habe ich diesen Namen beybehalten lassen.

dem Linne) einem walzenförmigen Körper und viele Fühlfaden am
Umfange des Kopfes, welcher Charakter ganz vortreflich der Mentula der
Alten oder unserer Zitterblase, nicht aber im geringsten allen Gattungen des
Armpolypen der Neuern zukömmt. Daher wollte ich wünschen, daß nur die
Zitterblase und die noch von ihr zu entdeckenden Gattungen unter dem Namen
Hydra verstanden würden. Ich sehe aber in der zehnten Ausgabe des Natur-
systems,) daß Linne das Gegentheil meines Wunsches gethan hat, indem er
unter das Geschlechte Hydra verschiedene Gattungen des Armpolypen gesetzt
und die Zitterblase im ganzen Thier-System vergessen hat.)

Janus Plancus) gedenkt zwar einer Mentulae Marinae, welche der
Ruthe eines Hundes ähnlich seyn soll: jedoch ist diese weder die Mentula der
Alten, noch macht, wie dieser Schriftsteller glaubt, das Geschlecht Tethyum
aus. Daher muß ich sagen, daß dieser gelehrte Mann einigermaßen gefehlt hat.
Es ist nämlich der gemeine Fehler vieler Naturforscher, daß sie dergleichen See-
Körper entweder todt, oder gänzlich ausgetrocknet beschreiben oder abzeichnen
lassen.

') Siehe die erste Ausgabe seines Natursystems. Dieses hier gegebene Kennzeichen
findet sich doch bey den Armpolypen, und wenn die Zitterblase nicht aus andern
Ursachen zu trennen wäre, so könnten sie wohl unter ein Geschlecht gehören.

") S. Seite 816.

"') Diese Erinnerung des Hrn. Bohadsch war zu seinen Zeiten ganz gegründet. In der
neuesten, zwölften Ausgabe aber hat Linne diesen Fehler verbessert, und versteht unter dem Geschlechte Hydra blos die Armpolypen des süßen Wassers, wovon wir
die wichtigen Beobachtungen eines Trembleys, Rösels, Schäffers, Müllers u. a. m. haben. Die Zitterblase aber hat er davon getrennt, und, wie schon
bemerkt worden, zum Geschlecht der Holothuria gerechnet. Außer den vom Verfasser angeführten Schriftstellern hat auch unsere Zitterblase Hr. Gunner in den
Abhandlungen der Königl. Schwedischen Akademie der Wissenschaften, vom Jahre
1767. (29ster Band, der deutschen Uebersetzung, Seite 125.) und Hr. Hans Ström
in seiner Beschreibung des Söndmörs (Beskrivelse over sogderiet Söndmör,
Soroe, 1762. 4.) im ersten Theil, 205. Seite, beschrieben. Letztere nennt unser
Thier Söe-Nälige. Ich werde in den folgenden Anmerkungen unsers Verfassers
Beschreibung mit den Bemerkungen des Hrn. Gunners kürzlich vergleichen.

"") In seinem nützlichen Buche de Conchis minus notis, Venet. 1739. Part. III. Cap. III.
Tab. V. F. 5.

laſſen. Aus der vom Plancus gegebenen Beſchreibung der Mentula, und aus
ihrer Abbildung vermuthe ich, daß er eins von beyden gethan habe. Die Worte
des Verfaſſers ſind folgende: *) Holothurium iſt ein dickhäutiger und lederner Körper, welcher ſich an die Steine nicht anhängt, Tethyum aber
hänget denſelben an. Daher, weil der Körper, welcher auf der 5ten Tafel und 5ten Figur abgezeichnet iſt, und welchen wir unter dem Unflathe
des Meers gefunden haben, an ſeinen äußern Theilen einige Faſern zeigt,
woraus erhellte, daß er an den Klippen befeſtiget geweſen war, ſo haben
wir ihm zum Tethyum gerechnet. Seine Subſtanz iſt von lederner
Beſchaffenheit, daher ſetzen wir von ihm ſelbſt nichts weiter hinzu, weil
ſein Name und die Abbildung ſeine Natur genung aus einander ſetzen.
Wenn alſo die von Plancus abgezeichnete Körper unter dem Unrathe des Meeres iſt gefunden worden, ſo läßt es ſich leicht ſchlüßen, daß er wenigſtens todt,
wo nicht gänzlich ausgetrocknet geweſen ſey, vorzüglich deswegen, weil er keine
Erwähnung ſeines Lebens thut. Wenn er aber todt war, wie kann Plancus
mit Gewißheit behaupten, daß es die Mentula oder Tethyum geweſen ſey,
weil ähnliche Thiere, wie ich ſelbſt oft bemerket habe, ihre Geſtalt und ihr äuße-
res Anſehen verändern und die meiſten Theile in verſtorbenen verwiſcht werden,
welche man, wenn ſie noch leben, deutlich ſehen kann. Der Verfaſſer muthmaßet
zwar aus einigen Faſern, welche an dem einen Ende des Körpers ſichtbar waren,
daß es an Klippen gehangen habe und daher zum Geſchlecht Tethyum gehöre. Aber geſetzt auch, daß der von dem Plancus abgezeichnete Körper Tethyum wäre, ſo kann es doch daher nicht zugleich auch die Mentula ſeyn, da
dieſe und Tethyum auch nach dem Rondeletius, von welchem unſer Verfaſſer
den Unterſchied zwiſchen Holothurium und Tethyum hernimmt, zwey verſchiedene Geſchlechter ausmachen.

J 3 Außer-

*) Holothurium eſt corpus calloſum quidem et coriaceum, a ſaxis liberum, Tethyum
vero ipſa haerens. Quare quum corpus Tabula 5. Fig. 5. expreſſum, quod inter
maris purgamenta a nobis repertum eſt, in extremitate fibras quasdam oſtendat,
quibus apparebat ad ſaxa adhaeſiſſe, ad Tethya retulimus. Coriaceae naturae.
Circa ipſum nil inſuper addimus, quum titulus, et figura, quid et quomodo ſit,
ſatis exponant.

Außerdem aber folgt deswegen, weil einige Fasern an dem einen Ende des Thieres hängen, gar im geringsten nicht, daß es an den Klippen angesessen habe. Denn wie viel andere Würmer und Zoophyten giebt es nicht, welche viele Fasern aus dem Körper heraus hängen haben und doch niemals an Klippen ansitzen, noch deswegen Tethya genannt werden. Wenn ich nun selbst aus der Figur des Plancus beweisen könnte, daß der von ihm beschriebene Körper nicht die Mentula, auch nicht Tethyum, sondern Holothurium gewesen wäre? Denn sagt nicht der Verfasser, daß das Holothurium aus einem ledernen Wesen bestehe, und an den Klippen nicht anhänge. Nun aber ist der von ihm abgebildete Körper ledern, und von den Klippen frey, und gehört also zu dem Geschlecht Holothurium. Sollte man hiervon deutlichere Beweise verlangen, so kann man folgenden Abschnitt von der Tethys nachsehen, wo ich eine bündelweise verwachsene Seescheide, Fasciculatum Tethyum beschreibe,[*] welche vermittelst der Fasern unter einander verbunden und von den Klippen entfernt ist. Man wird mir aber leicht beypflichten, daß der einfache Wurm des Plancus, von einer Darmscheide getrennt sey, wenn man meine Figur der Darmscheide,[**] Tethyum Fasciculatum, mit der 5ten Figur des Plancus, wodurch er seine Mentula anzeigt, verglichen hat. Wenigstens habe ich öfters eine einfache Darmscheide von den übrigen getrennt gefunden, an deren einem Ende auch einige Fasern sichtbar waren. Sollte ich, diesem ohngeachtet, mich in meiner Vergleichung und Muthmaßung irren, so werde ich wegen der sehr kurzen und unvollständigen Beschreibung des Plancus leicht zu entschuldigen seyn.

§. 3.

Die todte Zitterblase (Taf. 6. Fig. 1.) ist gemeiniglich acht Zoll lang, wenn sie aber noch lebt, dehnt sie entweder ihren Körper länger als einen Fuß aus, oder sie zieht ihn fast in eine Kugel zusammen. Die Gestalt derselben ist walzenförmig und beträgt überall einen Zoll und einige Linien im Durchmesser.[***] Der

Rücken

[*] Dieses ist nach dem Linne Ascidia intestinalis, die Hr. Müller Darmscheide nennt.

[**] Diese ist auf der 10ten Tafel, 4ten Figur abgebildet.

[***] Nach Hrn. Gonner ist die Zitterblase eine ganze Spanne lang, ungefähr so dick, als

Rücken 2. welcher rothbraun gefärbt ist, ist mit verschiedenen pyramidenförmigen fleischichten Wärzgen gezieret, deren Grundfläche auch rothbraun, ihre Spitze aber weißlicht ist.[*]) Sie sind von doppelter Größe, die größeren b. b. b. b. sind an der Anzahl vierzehn, und gehen der Länge nach am Rücken herunter, so, daß eine von der andern sechs Linien entfernt ist; wenn nämlich die Zitterblase ein wenig zusammengezogen ist; wenn sie sich aber verlängert, so wird der Zwischenraum leicht bis zu acht Linien ausgedehnt. Andre, welche diesen ähnlich sind, stehen hier und da nicht in der geringsten Ordnung. Die kleinern c. c. c. c. aber sind auch überall auf der Fläche des Rückens ohne alle Ordnung zerstreut. Aus allen kömmt ein weißlichter Schleim, womit der Körper schlüpfrig gemacht wird. Es scheinen daher vorbenannte Wärzgen eben so viel Drüsen zu seyn, welche mit einer Abzugsröhre versehen sind, deren Oefnung so klein ist, daß ich sie durch ein gewöhnliches Vergrößerungsglas nicht sehen konnte. Außerdem sind sie mit verschiedenen Muskeln versehen, wie daraus erhellet, daß sie von der Zitterblase (Fig. 2.) nach Willkühr können erhoben und wieder ganz eingezogen werden. Wenn die größern Wärzgen gänzlich aufgerichtet sind, so beträgt ihre Axe drey Linien und eben so viel der Durchmesser der Grundfläche.[**])

Der

als das Gehirn an der Hand, rundlich, doch weiter Hammer etwas flach, bis etwa drey Zoll vom untersten Ende, worauf sie nachgehends rund und glatt wird, und wie die entblöste Eichel der männlichen Ruthe aussiehe. Sie behält nicht immer vollkommen einerley Gestalt, denn wenn sie auf dem Wasser trieb, so hat er oft gesehen, daß sie sich etwas aufbläst, und nicht nur dadurch dicker ward, sondern auch ein verändertes Ansehen bekam, so daß sie zuweilen fast durchaus gleich dick ward, manchmal aber wieder in der Mitte am dicksten war. Dann und wann machte sie auch einen krummen Rücken, zog auch bisweilen den Bauch nach dem Rücken hinauf, und wenn man fast keine Aenderung bemerkte, so zitterte doch ihr ganzer Körper sehr stark.

[*]) Gunner sagt, die Farbe sey oben blutroth, die kleinern kegelförmigen Warzen aber auf dem Rücken weiß.

[**]) Gunner hat fast überall, besonders aber oben auf dem Rücken eine große Menge kleiner, theils kegelförmiger, theils auch cylindrischer Zacken und Warzen gefunden, die alle ziemlich weiß, doch die cylindrischen meist weniger erhaben. Aus dieser Beschreibung sieht man, daß unsers Verfassers Beobachtungen viel genauer sind, als des Hrn. Gunners; daher denn auch der scheinbare Widerspruch, nach welchem Gun-

ner

Der Bauch (Fig. 1.) oder der dem Rücken entgegengeſetzte Theil der Zitterblaſe d. iſt weißlicht, braunroth, und überall mit walzenförmigen Fühlfaben e. e. e. e. beſetzt; dieſe Fühlfaden ſind in ſo großer Anzahl da, daß man kaum
den Kopf einer ganz kleinen Nadel zwiſchen ſie ſtellen kann. (Fig. 3.) Der
Durchmeſſer derſelben beträgt kaum eine Linie, die Länge aber vier Linien. Sie
glänzen von weißer Farbe, die Spitze ausgenommen, welche rothbraun und wie
ein Näpfgen (Acetabulum) gebildet iſt.[*] Vermöge dieſer Fühlfaden befeſtiget
die Zitterblaſe, wenn ſie ſich auf dem Grunde des Meeres verweilt, ihren Körper, damit ſie nicht von den Wellen leicht abgeſtoßen werde, welches gewiß öfters
geſchehen würde, weil ſie ſich an den Ufern des Meeres aufhält, wo das Waſſer
kaum ſechs Fuß hoch ſteht. Daher habe ich ſie öfters aus dem Kahne mit vielem
Vergnügen an dem Grunde des Meeres feſt anhängen ſehen. Wenn ſie aber
durch Hülfe der Bauch-Fühlfaden an andern Körpern anhängt, ſo iſt es nothwendig, daß die Spitze die Geſtalt eines Näpfgens habe, ſo wie die Fühlfaden
am Blackfiſche, Meerigel und Seeſterne,[**] wodurch ſie jeden andern Körper
angreifen.

Aus

ner mehr Warzen auf dem Rücken, als auf dem Bauche, und die walzenförmigen
Urinen will geſehen haben, wovon unſer Verfaſſer des Gegentheil behauptet, nicht viel
zu bedeuten hat. Das Kupfer, das Gunner giebt, ſtellt ein Thier vor, welches zuſammengezogen, und im Begrif geweſen iſt zu ſterben, daher er denn auch viel weniger Warzen, und gar keine walzenförmige hat zeichnen laſſen. Das Kupfer von
Hrn. Gunner findet ſich auch in des Hrn. Müllers Erklärung des Linneiſchen
Syſtems, welcher zwar auch des Hrn. Bobadſch ſeine Abbildung hat abſtechen laſſen, die aber freylich viel undeutlicher iſt, und wo auch die einzelnen innern Theile
fehlen.

[*] Hr. Müller hat dieſes durch trichterförmig überſetzt, ſiehe a. a. O. Seite 97.

[**] Der Blackfiſch, (Sepia, Linn.) hat acht Arme, welche an der innern Seite mit ähnlichen Näpfgen verſehen ſind. Beſonders dienen dieſe Näpfgen in dem mit acht
Füßen verſehenen Blackfiſch (Sepia oſtopedia,) zum Saugen, wenn das Thier
ſeinen Raub enthält. Man ſehe mehr hiervon beym Linné Syſt. Nat. Tom. L p. 1095.
und die artigen Anmerkungen, die Hr. Müller in ſeiner Erklärung des Linneiſchen
Syſtems, VI. Band, L Theil, Seite 115. u. f. geſammlet; vorzüglich aber die Beobachtungen des Hrn. Needham mit der Seekatze, (Sepia loligo, Linn.) in ſeinem

Nouvel-

Aus dieser Lage der Zitterblase auf dem Grunde des Meeres, welche sie auch im Gefäße, welches mit Seewasser angefüllt ist, behält, sieht ein jeder ein, daß ich nicht ohne Grund den Rücken und Bauch derselben bestimmt habe, welches sonst bey dem walzenförmigen Körper sehr schwer gewesen wäre. Weil aber alle Thiere insgesammt auf dem Bauche umhergehen, oder sich auf ihn stützen, und die Zitterblase mit diesem Theile des Körpers, wo die walzenförmigen Fühlfaden stehen, auf der Erde liegt, so ist hieraus deutlich, daß dieser Theil der Unterleib oder Bauch unsers Wurms seyn müsse.

Uebrigens werden die Bauch-Fühlfaden und Rückenwärzgen nach Willkühr des Thieres bald herausgesteckt, bald wieder versteckt. Daher kann man mit Grunde muthmaßen, daß sie mir Muskeln, welche sie erheben und wieder herabziehen, versehen sind, und vorzüglich deswegen, weil alle diese Fühlfaden nach dem Tode verschwinden; woraus man zugleich einsieht, daß alle Naturforscher ein Bild einer todten Hydra gegeben haben, weil sie keine dieser Fühlfaden ausgedrückt haben. Und fast glaube ich, daß der Ritter Linné bey einer todten Zitterblase das Geschlechtskennzeichen seiner Hydra[*] fest gesetzt habe, weil er nichts von diesen Fühlfaden[**] erwähnet.

§. 4.

Die Würmer und Raupen lehren hinlänglich, daß man denjenigen Theil des Körpers bey den Thieren Kopf nenne, wo der Mund lieget. In der Zitterblase ist also dasjenige Ende, wo man den zirkelförmigen Mund f. unter den ästigen

Nouvelles Observat. microscop. à Paris, 1750. 12. deren Uebersetzung von Hrn. Past. Goeze sich im siebenten Bande der Berlinischen Sammlung findet. Die Seesterne (Asteriae, Linn.) sind mehrentheils über den ganzen Körper, mit kleinen beweglichen Wärzgen bedeckt, auf denen sie sich fort bewegen. Die Meerigel, (Echini, Linn.) aber haben bewegliche Stacheln, welche dieser Verf. ohne Zweifel meynet; diese aber sind nur bey einigen Arten vertieft.

[*] Nämlich in der sechsten Edition seines Natursystems.

[**] Wiewohl diese walzenförmige Wärzgen, eigentlich keine wahren Fühlfaden sind, so habe ich doch des Verfassers Ausdruck beybehalten lassen, theils um sie von den Warzen des Rückens zu unterscheiden, theils weil die Zitterblase doch ein Gefühl in denselben zu haben scheint, indem sie sich mit denselben an andern Körpern anhält.

K

ästigen Fühlfaden g. g. g. g. sieht, für den Kopf anzusehen; obgleich keine Augen und keine andern Unterscheidungszeichen des Kopfes bey ihr vorkommen. Die dünne, häutige, zertheilte und halbrothbraune Franze h. h. umgiebt den Kopf, schließt alles dieses ein, und ihre gleichgroßen, spitzigkeilförmigen Stücken machen den größten Theil der Franze aus, und umgeben, wenn die Zitterblase die ästigen Fühlfaden ausbreitet, und Speise zu sich nehmen will, den Kopf wie eine Halskranse. Wenn sie aber von Schrecken erschüttert wird, so werden die genannten Fühlfaden in den Körper zngleich mit dem Munde zurückgezogen, alsdenn erheben sich die Stücken der Franze, kommen nahe an einander und decken den Mund mit den Fühlfaden so, daß keine Spur einer Oefnung, noch etwas von Fühlfaden oder Stücken zu sehen ist.

Nahe an der zerstückten Franze (Fig. 4.) befinden sich zwanzig ästige Fühlfaden g. g. g. g. welche dem Haupt der Medusa ähnlich sind; diese haben einen walzenförmigen Körper, sind drey Linien lang und eine Linie breit, und auf diesen sitzen dünne, linienförmige, in Aeste zertheilte Lappen, weswegen ich sie auch ästige Fühlfaden genannt habe, damit man sie von den Bauch-Fühlfaden unterscheiden könne.

Zwischen diesen Fühlfaden sieht man einen weißen erhabenen leeren Platz, welcher in der Mitte durchbohrt ist; dieses Loch f. ist der Mund des Thieres;[*] und

---

[*] Gunner beschreibt dieses folgendermaßen: Der Mund befindet sich ordentlicher Weise mitten am Ende des Kopfs, und hat außen am sich einen etwas vorwärts stehenden Ring, den eine Menge kleiner und dicht an einander sitzender Warzen ausmachen. (Dieses scheinen die ästigen Fühlfaden unsers Verfassers zu seyn.) Dieses Ringes Mittelpunkt kann für den Mund angenommen werden. Aus demselben kommen zuweilen sieben Fühlfaden heraus, welche kurz sind, und wie sieben gleich lange Quasten aussehen, die an den Enden breiter, und etwas platt sind. Unser Verfasser hat dieser sieben Fühlfaden im Munde nicht erwähnt; vielleicht aber ist meine Muthmaßung nicht unwahrscheinlich, wenn ich glaube, daß die unten im siebenten §. beschriebenen handförmigen Faden, die an der erhabenen Fläche sitzen, für diese Fühlfaden anzunehmen sind: Denn wiewohl Bohadsch zwanzig solcher Faden bemerkt hat, so sieht man doch, daß Hr. Bohadsch seine Beobachtungen überhaupt genauer sind, und daß er die Fühlfaden nicht gänzlich würde übersehen haben; daß ferner Gunners Zitterblase

und mit den äftigen Fühlfaben bringt es die Speife da hinein. Dem Munde ift
ein anderes Loch i. gerade entgegengefetzt, welches zwo Linien weit ift, und die
Verrichtung des Afters hat, aus welchem der Unrath und das Seewaffer aus,
geleert werden.

Es ift fehr angenehm diefes Thier in einem Gefäße voll Seewaffer zu fehen,
doch muß es fo angefüllt feyn, daß das Waffer nicht mehr als zwey Zoll hoch
über dem Körper der Zitterblafe erhoben fey. Denn alsdann, vorzüglich aber
wenn fie den After ein wenig erhebt, fpritzt fie faft alle Augenblicke Seewaffer
zwey Zoll hoch über der Fläche des Waffers, und ftellt auf diefe Art einen ganz
bewundernswürdigen befondern neuen Springbrunnen vor. Noch weit höher
aber ftößt fie das Waffer von fich, wenn fie noch ganz frifch aus der Tiefe des
Meeres gezogen worden ift, und mit der Hand ftark berührt wird. Denn alsdenn wirft fie das zu fich genommene Waffer zwey Fuß hoch aus, und ihr Körper wird fo hart wie Holz. Diefe Verhärtung, der Auswurf des Waffers durch
den After und zugleich die walzenförmige Geftalt des Körpers, fcheinen verur-
fachet zu haben, daß die Alten diefen Wurm Mentulam nannten und die Italiener ihn mit dem fchmutzigen Namen Cazzo di Mare belegten.

Auf diefe Art aber wird nur Seewaffer und fein Harn, wie einige ver-
muthen könnten, von der Zitterblafe ausgeworfen. Denn erftlich find feine
Harnbereitende Eingeweide in ihrem Körper, wie ich unten zeigen werde; hernach ift die Menge des ausgeworfenen Saftes fo groß, daß, wenn auch Nieren
und eine Harn-Blafe da wären, fie diefe doch nicht faffen, noch diefes Waffer fo
gefchwind abfcheiden könnten, als es ausgeworfen wird. Endlich ift der Ge-
fchmack des benannten Saftes eben der, den das Seewaffer hat.

K 2 §. 5.

blafe in allen Stücken kleiner ift, die übrigen Eigenfchaften aber meiftens übereim
ftimmen. Außerdem bemerkt noch Hr. Gunner daß verfchiedene andere fchleimige
Fäden von ungleicher Länge am Munde, und an mehr Stellen des Kopfs herabhängen;
warnt aber zugleich, daß man diefe nicht für Fühlfaden anfehen müffe, weil fie an allen
andern Stellen des Leibes entftehen können, weil die Haut fehr fchleimig und locker ift,
befonders nach dem Tode des Thieres. Hiervon hat unfer Verfaffer nichts gefagt,
auch find diefe fchleimige Fäden in Hrn. Gunners Abbildung nicht angedeutet: Ohne
Zweifel find fie erft alle, nachdem das Thier geftorben war, durch die Auflöfung der
Theile entftanden, und gehören alfo eigentlich nicht zu den wefentlichen Theilen deffelben.

§. 5.

Als ich den ersten Tag nach meiner Ankunft, den sechsten des Brachmonats, an dem Ufer des Meeres nahe bey der Stadt herum gieng: so war der erste See-Bewohner, den ich sah, die Zitterblase, welche unter verschiedenen Meergräsern glänzend kroch, und von den Wellen hier und da an dem Ufer bewegt wurde. Ich nahm sie daher schleunig mit nach Hause, um ihre Eigenschaften kennen zu lernen. Ich verwunderte mich, indem ich nach Verlauf einer Stunde bemerkte, daß sie eine darmförmige Röhre, welche mit Meer-Sand angefüllt war, nach und nach aus dem After ausleerte, die ich bey dem ersten Anblick für den Unrath des Thieres hielt. Bald darnach aber kam eine andere Röhre heraus, welche auch, wie die Därme, zusammengedreht und leer war, an der ein anderer mit weißlichten Kügelgen geschmückter Körper, welcher dem Gekröse ähnlich war, anhieng; endlich folgten mehrere kleine Blinddärme, die mit derselben Röhre vereiniget waren. Ich muthmaßte mit Recht, daß alles dieses etwas anders als der Unrath sey, jedoch wollte ich die wahre Beschaffenheit der Sache nicht eher bestimmen, bis ich müßte, ob alle Zitterblasen diese Theile ihrer Natur nach aus dem Körper heraus würfen. Die Fischer brachten mir den folgenden Tag drey Zitterblasen, welche in dem von Seewasser angefüllten Gefäße, zwar etwas langsamer, jedoch eben die Theile, wie die erste, heraus steckten, die kleinen Blinddärme ausgenommen, welche bey diesen sehr roth und größer waren.

Ob ich es nun gleich an vier Zitterblasen gesehen hatte, und nicht zweifelte, daß es allen gemein wäre, so blieb mir dennoch die größte Schwierigkeit übrig, als ich die Natur und Verrichtung der ausgeleerten Theile ergründen wollte. Denn nunmehro, wie ich oben erwähnt habe, fiel mir ein, daß sie der Unrath der Zitterblase seyn könnten; allein, diese Meynung verwarf ich gleich, so bald ich ihre organische Struktur aufmerksamer betrachtete. Bald schienen mir wiederum erwähnte Theile den Därmen eines andern Thieres ähnlich zu seyn, welche von der Zitterblase verschlucket wären, und wiederum ausgeleert würden. Doch auch diese Meynung dünkte mir ungegründet: denn zu welcher Absicht würde wohl die Zitterblase ähnliche Speisen verschlingen, wenn sie dieselben wieder unverdaut aus dem Körper werfen müßte. Außerdem wäre auch eine solche Nahrung dem Körper der Zitterblase unangemessen; und endlich, wo könnte unser

Wurm

Wurm so viel Därme hernehmen, wenn es nicht zugleich das Thier selbst ver-
schluckte, wovon ich doch nirgends eine Spur gefunden habe. Sollte aber jemand glauben, daß dieses verdauet worden wäre, warum sind nicht auch die
Därme selbst verändert? Darauf hielt ich die erwähnten Theile für den Eyerstock; doch auch diese Meynung konnte, folgender Ursachen wegen, entweder gar
nicht, oder nur sehr unwahrscheinlich beybehalten werden. Denn wozu sollten
bey diesem so kleinen Thiere so viele Theile zur Erhaltung seines Geschlechtes dienen? Und welcher Theil ist denn nun eigentlich der Eyerstock? Sind es die
weißlichten Kügelgen, die man auf dem Gekröse sieht, oder sind es die kleinen
Blinddärme? Ich getraue mir nichts hiervon ohne weitere Untersuchungen zu
behaupten: daher verwarf ich auch diese Meynung und nahm endlich an, daß
die Zitterblase ihre eigene Därme von sich gebe. Ich gestehe, auch dieses hat
seine Schwierigkeiten, wenn wir folgendes genau überlegen: erstlich, ist es wider
die gemeinen Gesetze der Natur, daß irgend ein Thier seine eigenen gesunden
Därme, von der Speiseröhre bis zum After an einanderhängend, sollte von den
übrigen Theile losreißen und absondern.

Zweytens ist es sehr bewundernswürdig, daß alle Zitterblasen noch sieben
Stunden und noch länger leben, nachdem sie ihre Därme ausgeworfen haben,
und nicht nur die Kraft haben, sich auszudehnen, sondern sich auch von einem Ort
zu dem andern fortbewegen können.

Dieser sehr wichtigen Einwürfe wider diese letzte Meynung ohnerachtet, beweisen doch folgende Erfahrungen, daß sich die Sache so, und nicht anders verhalte.

§. 6.

Ich schnitt eine lebendige Zitterblase, (Fig. 5.) welche nur aus der See
herausgezogen war, nach der Länge des ganzen Körpers auf, und fand die erwähnten Theile, an den innern Seiten der Bedeckungen des Körpers bef-stiget,
so, daß der dicke Darm a. mit See-Sand und andern Stücken von Korallen
und Meergräsern angefüllt, an den After selbst ringsherum angewachsen war; mit
diesem hieng ein anderer Darm b. zusammen, welcher mit grünem Safte angefüllt, und in eine doppelte Wendung zusammengedreht war, übrigens aber keiner Seite in dem Bauche anhieng, sondern frey war. Dieser wird näher nach

K 3   dem

dem Munde zu erweitert, und vertritt daselbst die Verrichtung des Magens c. Von diesem breiten Theile des Darms entsteht die engere Speiseröhre c. welche sich in den Mund endiget, und an seinen Seiten überall befestiget ist.

Mit der Speiseröhre (Fig. 6.) sind die kleinen Blinddärme verwachsen, welche walzenförmig, überall gleich dick, und gegen das Ende zugespitzt sind. Sie sind auch mit verschiedenen rothen Punkten besetzt, welche auf einem etwas dicken Safte schwimmen, und kleinen, eine halbe Linie langen, Würmgen ähnlich sind.

Diese Därmgen zusammen genommenen stellen in Ansehung ihrer Verthei-lung ein Bäumgen, oder noch besser das Meergras vor, welches man die See-Eiche nennt;*) sie laufen in einen Stamm zusammen, welcher sich in die Speise-röhre endiget; ob er sich aber in dieselbe öfne, konnte ich nicht entdecken.

Den ganzen Gang der Därme (Fig. 5.) herunter läuft auswendig ein grünlichtes Gefäß e. e. welches über eine Linie dick ist, und etwas unter dem brei-tern Theil des Darms in zween Zweige f. f. getheilt wird. Der Zweig g. wel-cher wiederum gespalten ist, endiget sich in verschiedene Aestgen h. h. welche mit einer doppelten sehr feinen Haut umgeben sind, und das Gekröse ausmachen. Sehr viele kleine Aeste der Gefäße hängen frey unter der ersten Krümmung der Darmröhre, es fehlt ihnen die sie verbindende Haut, sie sind überaus fein und rothbraun gefärbt. Unzählige ähnliche Gefäßgen vereinigen sich an der andern Krümmung der Därme mit dem andern großen Aste i. i. i. i. Als ich diese Theile so beschaffen und so unter einander vereiniget in dem Körper der Zitterblase sah, so zweifelte ich nicht mehr, daß sie allerseits eigne Theile derselben wären und von ihr, wenn sie außerhalb dem Meere befindlich, ausgeleert würden. Denn die häutige mit Sand und Stücken von Meergräsern angefüllte Röhre stellt den Darm mit dem Magen und der Speiseröhre vor. Die blinden Därme aber halte ich deswegen für den Eyerstock, weil ich sie zu verschiedener Zeit in verschie-dener Größe und Farbe gefunden habe. Im Brachmonat sind sie nämlich dün-ne, klein, durchsichtig, gleichsam gläsern und mit kleinen weißen Punkten geziert. Im Heumonat aber sind sie größer, dicker und gelblicht und man sieht, daß die rothen länglichten Punkte auf ihnen größer, als die vorhergehenden sind.   Im
August

*) Fucus vesiculosus. Linn. Spec. Plant. Tom. II. p. 1626. Syst. Vegetabil. per A. Murray. p. 812.

August endlich zeigen sich einige neue Ansätze von ihnen. Diese Verschiedenheit würde wenigstens nicht vorkommen, wenn sie eigentlich blinde Därme wären, wie in Fischen und einigen andern Insekten. Denn diese sind zu jeder Jahreszeit von gleicher Größe. Da nun der gewöhnliche Weg der Natur, durch welche die Eyerstöcke oder die Eyer und die Geburt selbst entbunden werden, die Oefnung der Mutterscheide, oder der After ist; und der Eyerstock der Zitterblase nahe am Munde lieget; da endlich in ihrem Mastdarme keine besondere Oefnung zum Ausgange des Eyerstocks bemerkt wird, noch auswendig in der Nähe des Afters vorkömmt: so mußte unsere Zitterblase, um die Eyer auszuleeren, zugleich die ganzen Därme, nebst denen daran hängenden Theilen von sich geben.

Damit also die Gattung der Zitterblase erhalten würde: hat ihr der Schöpfer eine ganz besondere Art zu gebähren mitgetheilet. Nämlich ihr Mastdarm und ihre Speiseröhre werden zuvor aus ihrer Verbindung getrennt, aus dem Körper herausgeworfen, damit der Eyerstock einen freyen Weg erhalte. Die Erklärung dieser besondern Erscheinung gefiel mir um destomehr, weil ich sah, daß dieses die Zitterblase mit vielen Insekten gemein hat, daß sie nämlich wegen der Fortpflanzung ihres Geschlechts selbst ihres Lebens beraubt wird.*) Denn ohne Därme

*) Ich weis nicht, ob man dieses im genauen wirklichen Verstande von den mehresten Insekten behaupten könne. So viel ist zwar wahr, daß die mehresten kurze Zeit, nachdem sie ihre Eyer gelegt, oder ihre Jungen gebohren haben, sterben; allein sie leeren hierbey doch nicht ihre eigenen Därme aus, und es ist auch nicht bewiesen, daß diese Geburt der Jungen die Ursache von dem Tode der Aeltern sey. Ohne Zweifel ist den mehresten Insekten nur ein kurzes Leben von dem Schöpfer gegeben, weil ihre kleine Maschine in kürzerer Zeit sich selbst abnutzt, und weil ihre Nahrung nicht stets dauert. So leben die mehresten Käfer, die mit einem Rüssel versehenen Insekten (Hemiptern, Linn.) viele Schmetterlinge, die mehresten Bienenarten, und ungeflügelte, noch lange Zeit, nachdem sie gebohren haben. Nur von wenigen, besonders von den Nachtvögeln, weis man, daß sie bald nach dem Eyerlegen sterben; wie z. E. von dem Nachtfalter der Seidenraupe (Phalaena mori). s. Röseis Insektenbel. 3. Th. S. 55. u. s. a. Von vielen weis ich aus eigener Erfahrung, daß sie einige Tage, oder vielleicht noch länger, wenn sie wärm im Freyen gewesen, gelebt haben; z. B. von dem Nachtvogel des Elephanten (Phalaena quercifolia,) die Herr Müller das Eichenblatt nennt, s. 5. Theil, 1. B. S. 656. von dem Groß-
kopf,

Därme kann kein Thier leben, wie bekannt ist: daher glaube ich, daß die Zitterblase eben diese Eigenschaft in dem Meere besitze, und die Därme auch mit dem Eyerstocke ausleere, nicht anders, als wie sie es außer dem Meere gethan hatte.

Allein als ich mich kurze Zeit nachher erinnerte, daß ich im Monat August die neuen Ansätze der Eyerstöcke in mehreren aufgeschnittenen Zitterblasen gefunden hatte, und daß ihre Därme auf eben dieselbe Art beschaffen wären, so verwarf ich diese von der Art zu gebähren gefaßte Meynung und glaubte, daß es auf eine andere Art geschähe; nämlich da sich der Eyerstock mit einem Aste in die Speiseröhre endiget; so könnte der Eyerstock vielleicht zur Zeit der Geburt in dieselbe kommen, und hernach durch den Mund, obgleich durch einen ungewöhnlichen Weg, ausgeleert werden.

Diese Meynung scheint mir bis jetzt wahrscheinlicher, theils weil nach dem gemeinen Gesetze der Natur der Eyerstock nicht weit von seinem Ausgange in dem Körper der Thiere gefunden wird; theils aber, weil er durch die Därme, wegen des vielen Unraths, nicht herausgehen konnte und von der Rauhigkeit desselben leicht konnte verletzt werden.

Es geschehe nun aber diese oder die vorhergehende oder eine andere Art zu gebähren in der Zitterblase: so ist doch sehr zu bewundern, daß ein Thier seine gesunden und vollständigen Eingeweide aus dem Körper heraus wirft und noch viele Stunden hernach leben bleibt.

§. 7.

topf, Müller a. Or. S. 665. (Phil. dispar. Linn.) u. a. Von den Insekten mit netzförmigen Flügeln (Neuropteri, Linn.) kann man vielleicht etwas allgemeiner behaupten, daß sie kurz, nachdem sie gebohren haben, sterben, wenigstens ist es von der Tagfliege (Ephemera Linn.) gewiß. S. Swammerdams Bibel der Natur, S. 100. De Gur Mém. des Insectes, Tom. II. P. II. Von einigen Würmern, besonders von den sogenannten Infusionsthieren, ist bekannt, daß sie überhaupt ein sehr kurzes Leben haben, und daß es sich durch die Zertheilung ihres Körpers in mehrere, die ihre Jungen sind, endiget. S. hiervon Rösels Insektenbelust. 3. Th. S. 617. Mülleri Hist. Vermium, Hafn. 1774. 4. Part. I. in der Vorrede S. 9. u. f. Hrn. Pastor Gözens Bemerkungen über die Infusionsthiermütter, die sich als ein Anhang zu des Herrn Karl Bonnets Abhandlungen aus der Insektologie, u. s. Halle, 1774. S. 417. befinden.

§. 7.

Nunmehro habe ich noch (Taf. 7. Fig. 1.) den übrigen Bau der Zitterblase zu beschreiben. Ich will daher von der Haut den Anfang machen. Diese ist zwo Linien dick, wenn man sie in dem todten Thiere aufschneidet; bey ihrem Leben aber, und nachdem die Därme ausgeleert sind, ist sie nur eine Linie dick.*) Sie ist aus unzähligen, weißen, sehnenartigen Fasern zusammen gewebt, welche auf verschiedene Art einander kreuzen und ungleichförmige Zellen bilden.

Auf der innern Fläche der Haut, welche unmittelbar die Därme und die übrigen Eingeweide umfaßt, kommen fünf weiße Muskeln a. a. a. a. welche von dem Munde an bis zum After ausgedehnt sind, zum Vorschein. Jedweder Muskel bestehet wieder aus zween andern verschiedenen Muskeln, welche durch den ganzen Körper hindurch ohngefähr eine Linie von einander gehen und sich in dem After und Munde vereinigen. Jeder einfacher Muskel ist zwo Linien breit und ragt ein wenig über die Fläche der Haut hervor. Ein zusammengesetzter Muskel aber ist von dem andern fünf Linien entfernt und der Zwischenraum ist aus runden in der Quere liegenden Fasern b. b. zusammengesetzt. Vermöge dieser Muskeln dehnt die Zitterblase ihren Körper entweder über einen Fuß aus, oder sie zieht ihn fast in eine Kugel zusammen.

In der Höhle des Mundes, (Fig. 2.) am Anfange der fünf vorerwähnten Muskeln befindet sich ein knöcherner Ring, welcher aus fünf Zähnen bestehet, die auf der einen Seite erhaben, auf der andern ausgehölt sind, (Fig. 4.) und mit zwo breiten Bändern b. c. an dem Umfange des Mundes im Kreise angeheftet ist, so, daß das obere Band sich in den Rand des Mundes, das untere in die äußere Fläche der Speiseröhre endiget. Jedweder Zahn ist drey Linien lang und zwo Linien breit und ist mit der erhabenen Seite gegen die Haut, mit der ausgehölten Fläche, wo die breiten Bänder liegen, gegen das Innere des Mundes gerichtet. (Fig. 3.) Er besteht aus dem Körper a. und aus vier Fortsätzen b. b. c. c. sein Körper ist mit einer der Quere liegenden wellenförmigen Furche d. versehen, von welcher

*) Herr Gunner sagt: die Haut sey dick wie Kalbleder, glatt, weich und etwas schleimig; am dicksten und härtesten fühle sie sich am Kopfe und andern Seiten des Bauches an.

welcher kleine Striefen nach den Fortsätzen zu auslaufen. Die beyden untern Fortsätze b. b. sind spitzig, die beyden an der Seite c. c. sind zugestumpft. Durch Hülfe der zugestumpften Fortsätze sind alle Zähne so genau unter einander verbunden, daß sie einen dichten Ring auszumachen scheinen. Die Substanz der Zähne ist zerreiblich und so dichte, wie eine Mehlmasse.

Auf der erhabenen Fläche der Zähne (Fig. 4.) kommen zwanzig andere wurmförmige Bänder a. a. a. *) vor, welche so gestellt sind, daß auf einem jeden einzelnen Fortsatze ein solches Band vorhanden ist, daher zählt man auf jedem Zahne vier. (Fig. 5.) Ein jedes dieser Bänder ist ein kegelförmiges, über eine Linie dickes Röhrgen, welches mit einem hellen Safte angefüllet, auf der einen Seite mit zwo Reihen von Punkten a bezeichnet und an der Spitze mit einem ähnlichen safrangelben Flecke b. bezeichnet ist; an diesem Ende sieht man auch inwendig ein weißes Wölkgen verborgen liegen. Die Grundfläche desselben hänget an dem Fortsatze der Zähne, die Spitze aber schwebet frey zwischen den Zähnen und der Haut.

Der Bau der wurmförmigen Bänder brachte mich beym ersten Anblick auf die Gedanken, daß sie so viel junge Zitterblasen wären; denn den weißen**) Fleck an ihrer Spitze hielt ich für den Anfang des Zahns, die scharlachrothen Punkte aber für die neuen Ansätze der Wärzgen, welche auf dem Rücken der größern Zitterblase §. 2. sich befinden. Als ich aber bemerkte, daß die Grundfläche derselben fest an die äußern Fläche der Zähne geheftet sey und außerdem diese wurmförmigen Körper in allen Zitterblasen, welche ich nachher zergliederte, allezeit in eben der Anzahl und in Kreis gestellt sah, so hielt ich für gut, sie Bänder zu nennen.

Der Nutzen dieser Bänder aber ist dem ohngeachtet sehr dunkel: denn da sie mit dem einen Ende frey sind, so können sie die Zähne nicht befestigen oder bewegen; noch weniger können sie zur Verkleinerung der Speisen etwas beytragen, weil sie unter dem Ring der Zähne und außerhalb der Höhle des Mundes liegen. Scheiden sie etwa den Speichel ab und spreyen sie ihn in die Höhle des Mundes

aus?

---

*) Diese Bänder halte ich für die oben erwähnten Fühlfäden im Munde, die Hr. Gunner beschreibt. S. oben Seite 74.

**) Hier ist wohl ein Druckfehler, und es muß heißen: den safrangelben; wenigstens hat Hr. Bohadsch nichts von einem weißen Fleck oben erwähnt.

aus? Ihre Struktur und Lage zeigen dieses einigermaßen an.　Sollte sich dieses aber so verhalten, so könnten die vorhin angeführten wurmförmigen Körper
nicht Bänder genennet werden, sondern man müßte sie Röhren oder Speichel-
gänge nennen.

An dem untern Rand der Zähne ist überall die Speiseröhre befestiget; mit
dem andern Ende aber ist sie, wie ich oben gesagt habe, mit den übrigen Därmen
verbunden.　Außer den erwähnten Theilen, ist in der Zitterblase nichts anders
verborgen, und man findet keine Spur von Herzen, Gehirne, Rückenmark
oder einem andern Eingeweide.　Aus der Lage der Zähne wird, wie ich hoffe,
ein jeder einsehen, daß ich mehrere Ursache gehabt habe zu glauben, daß der
Apulejus, indem er von dem Seehasen redet, unsere Zitterblase oder die
Mentula der Alten vor sich gehabt habe.　Denn er saget von dem Seehasen:
übrigens ist er ohne Knochen, und im Bauche hat er zusammengekettete
Knochen.

Die Zitterblase ist also nach dieser kürzlich gegebenen Geschichte, ein
Wurm, dessen Körper walzenförmig, der Bauch mit unzähligen runden Fühlfaden, und der Rücken mit pyramidenförmigen Wärzgen besetzt, und der mit einem zirkelförmigen Munde und zwanzig ästigen
Fühlfaden im Umkreise des Kopfes versehen ist.　Denn auf diese Art wird
sie theils von den übrigen Würmern, theils auch von der Medusa unterschieden,
mit welcher sie, nach dem von Linne gegebenen Geschlechtskennzeichen, leicht
könnte verwechselt werden: indem es auch eine Medusa mit einem walzenförmigen Körper und mit Fühlfaden, die um den Kopf herumliegen, giebt.*)

Wenn die Größe des Körpers und die Verschiedenheit der Farben bey Benennung der Gattungen der Thiere statt findet, so kann man folgende Gattungen
der Zitterblase zählen: Die größere Zitterblase, welche rothbraun, weiß,
und röthlich ist.　Diese ist das Epipetrum der Schriftsteller;**) die ganz

F 2　　　　　　　　　　　　　　　　　　　　　　roth,

*) Nach dem jetzt, vom Linne im 12ten Natursystem, festgesetzten Kennzeichen, giebt
　es keine Medusa mit walzenförmigen Körper; sondern sie müssen einen kreisrunden,
　von oben herabgedrückten oder platten Körper haben.

**) Von diesem Epipetro sagt Aldrovand, es sey eine unförmliche Masse, nach hinten
　zu sey es dicker, etwas höher und rundlich; nach vorne niedriger, und habe ein Loch,
　welches

rothbraune, und die kleine rothbraungelbe Zitterblase.*) Wenigstens habe ich diese, so lange ich mich in Neapel aufhielt, gesehen. Doch wundert mich, daß ich keine junge Zitterblase**) bemerkt habe, wiewohl sich die Alten nur an den Ufern aufhalten.

Fünfter Abschnitt.
Von dem Sprützwurm. †)

§. 1.

Der auf der siebenten Tafel, sechsten und siebenten Figur abgezeichnete Wurm wurde mir gebracht, als ich nach Rom zurückreisen wollte. Wegen Kürze der Zeit habe ich nur eine kurze Beschreibung von diesem Thiere abfassen und sie mit einer Zeichnung begleiten können.

§. 2.

Der Sprützwurm (Taf. 7. Fig. 6.) ist acht Zoll lang und vom Kopfe a. an bis zum Schwanze b. walzenförmig. Die Grundfläche desselben ist im Durchmesser

welches roth sey. Nach dem innern Wesen sey es schwammartig oder sächrig, sechs Zoll lang, anderthalb breit, ungleich, und mit Warzen, als wie mit Knöpfgen besetzt; zum Theil schwarz, theils röthlich, theils weißlich. Die Figur des Aldrovands ist freylich sehr schlecht, zeigt aber doch nach hinten, die walzenförmigen Warzen ziemlich deutlich; am andern Ende sind breite Schuppen gezeichnet, wovon aber in der Beschreibung nichts steht. S. *Vlyssis Aldrovandi* de Animalibus exanguibus, Libr. IV. de Zoophytis, p. 590. ex edit. Bonon. 1642. fol. Auch Conrad Gesner gedenkt dieses Epipetri, und giebt eben die Abbildung, die sich bey dem Aldrovand befindet. S. Dessen Histor. animal. Libr. III. de aquatil. natura, in den Paralipomenis, pag. 1257. edit. Tigurinae.

*) Diese Verschiedenheiten verdienen bey uns den Namen: Abänderungen, und gehören alle zu eben derselben Gattung.

**) Ohne Zweifel war die dritte Abänderung des Verfassers ein junges Thier.

†) Unser Verfasser nennt diesen Wurm Syrinx, Linné hat ihm den Namen Sipunculus gegeben, s. Syst. nat. Tom. I. Pars II. p. 1078. welches Hr. Müller sehr gut durch Sprützwurm ausgedrückt hat.

meſſer neun und die Spitze vier Linien. Der breitere Theil des Körpers, der
Kopf oder die Grundfläche iſt mit einem Munde verſehen, in der ein Rüſſel c.
oder eine Röhre, oder eine kleine Sprütze enthalten iſt, welche aus einer ſtarken
Haut beſtehet und mit dreyeckigten fleiſchichten Wärzgen, welche von der Größe
eines Hirſekorns ſind, beſetzt iſt. Dieſes Sprützgen iſt überall an dem einen
Ende mit dem Rande des Mundes vereiniget, mit dem andern aber, welches
das Thier nach Willkühr einen Zoll lang herausſtecken und wieder in den Mund
zurückziehen kann, frey. Unſer Wurm ſteckt, wie ich vermuthmaße, alsdann ſein
Sprützgen heraus, wenn er die Speiſe faſſen oder hinterſchlucken will. (Fig. 7.)
Denn als ich es bekam, war das Sprützgen innerhalb des Mundes verborgen und
zwar ſo, daß ich es für eine Gattung der Zitterblaſe hielt. Nachdem es aber
viele Minuten ruhig und unbewegt geblieben war, ſo ſteckte es das Sprützgen aus
dem Munde heraus; und wiederholte öfters, dieſes Sprützgen herauszuſtoßen
und zurückzuziehen. Daher ſah ich, daß es ein neuer Wurm war.

Wenn das erwähnte Sprützgen außerhalb des Mundes liegt, ſo richtet ſich
ſeine mit Wärzgen beſetzte Fläche noch auf, es nimmt aber die innern Theile des
Mundes ein, wenn es in demſelben verborgen liegt. Wenn es daher mit dem
freyen Ende des Sprützgens die Speiſe angreift, ſo iſt keine Ausflucht weiter
möglich, indem immer mehrere Wärzgen, als eben ſo viel Zähne, gleichſam im
Wege ſtehen, je tiefer das Sprützgen in den Mund zurückgezogen wird.

Ein und einen halben Zoll vom Munde (Fig. 7.) iſt eine Oefnung a. welche
in der Quere liegt und mit einer länglicht runden etwas hervorragenden Lippe b.
als einem Schließ-Muskel, umgeben iſt. Ob dieſe im Bauche oder Rücken ſey,
kann ich nicht beſtimmen, weil der ganze Körper des Thieres gleich geſtaltet iſt.
Außerdem kann ich nicht gewiß behaupten, ob die benannte Oefnung der After
oder die Oefnung der Mutterſcheide ſey? Jedoch ſcheint mir nicht unwahrſchein-
lich, daß es der After und der gemeine Weg für den Ausgang des Eyerſtockes
ſey: weil ich weder in der kugelförmigen Spitze, noch ſonſt wo die Spur eines
andern Loches habe finden können, ob ich gleich viel Fleiß darauf wendete.

Der ganze Körper unſers Wurms iſt gelblichweiß und theils mit länglichten, theils mit tiefen kreisförmigen Streifen gezeichnet. Die länglichten Streifen ſtehen eine halbe Linie, die kreisförmigen aber eine Linie von einander, zwi-

F 3   ſchen

schen diesen ragt die Haut unter einer länglicht viereckigten Gestalt hervor, und der ganze Körper ist netzförmig.

In Ansehung der Bewegung ist der Sprützwurm der Zitterblase völlig gleich, denn bald dehnt er sich einen Fuß lang aus, bald aber zieht er sich in einen kleinern Haufen zusammen, indem er den engern Theil des Körpers nahe bey der kugelförmigen Spitze erweitert. Niemals aber wird er in eine Kugel zusammen gezogen, wie ich von der Zitterblase erinnert habe.

Er hält sich in dem tiefen Meere auf, wird daher niemals ans Ufer geworfen, sondern geht bisweilen mit andern Fischen in die Netze. Niemand bedient sich seiner zur Speise und er hat, so viel die Fischer wissen, auch keinen andern Nutzen.

§. 3.

Wie die innern Theile dieses neuen Wurms beschaffen seyn, kann ich nicht benachrichtigen, sowohl, wie ich oben erinnert habe, wegen Kürze der Zeit, als auch, weil ich ihn nicht zergliedern wollte, indem mir nur ein einziger, die ganze Zeit über, die ich mich in Neapel aufhielt, gebracht worden ist, welchen ich in Weingeist aufbehalte. So viel ich aber aus der Berührung desselben abnehmen konnte, so werden die Eingeweide von der Grundfläche (Fig. 7.) bis zur Oeffnung a. und noch weiter ausgedehnt. Denn der übrige Körper zugleich mit der kugelförmigen Spitze schien mir unwegsam und dichte zu seyn.

Aus dieser unvollkommenen Beschreibung der äußerlichen Struktur und Abzeichnung unsers Thieres wird ein jeder, wie ich hoffe, einsehen, daß es nicht zur Zitterblase, mit der es doch einige Verwandschaft zu haben scheint, vielweniger aber zu einem andern Geschlechte der Würmer könne gerechnet werden. Und zwar zur Zitterblase deswegen nicht, weil diese in dem Umkreise des Kopfes mit ästigen, am Bauche mit walzenförmigen Fühlfaden und auf dem Rücken mit pyramidenförmigen Wärzgen begabt ist; und alles dieses mangelt dem Sprützwurme. Außerdem hat die Zitterblase einen After, welcher an dem Ende, das dem Munde entgegengesetzt ist, liegt, woraus sie das Wasser wie aus einem Springbrunnen herausgießt; der Sprützwurm aber hat seinen After nicht weit von dem Munde und wirft kein Wasser heraus.

Daß der Sprützwurm aber zu keinem andern Wurm-Geschlechte gehöre, lehrt die äußere Bildung des Körpers hinlänglich. Man wird mit folglich ohne

Zwei

Zweifel beypflichten, daß ich ihm einen besonderen Namen gegeben, und als ein besonderes Wurm-Geschlecht ansehe.

Den Namen Sprützwurm aber hat unser Wurm von der Bewegung des in seinem Munde liegenden Sprützgens, welches einigermaßen der Bewegung des Stempels in einer Sprütze ähnlich ist, erhalten.

Der Sprützwurm macht also ein neues Wurm-Geschlecht aus, und zwar dasjenige, welches einen netz- und pyramidenförmigen Körper, der mit einer kugelrunden Spitze ohne Oefnung versehen ist; einen Mund, welcher in der Mitte der Grundfläche liegt, und in demselben ein bewegliches Sprützgen hat. ')

Sech-

*) Der Ritter Linné hat diesen Wurm unter die Intestina, oder diejenigen Würmer, die keine Gliedmaßen haben, als ein besonderes Geschlecht gebracht, und ihm den Namen Sipunculus gegeben, mit folgenden Geschlechtskennzeichen: Der Körper ist ausgedehnt und rund. Der Mund liegt an dem einen Ende, ist dünner als der Körper und walzenförmig. An der Seite des Körpers ist eine warzenförmige Oefnung. Des Sprützwurms, den unser Verfasser beschreibt, nennt Linné den bloßen, zum Unterschied der andern Art, deren Körper mit einer schlaffen Haut umgeben ist. Schon Rondeletius beschreibt unsern bloßen Sprützwurm, und nennt ihn: Vermem macrorhynchopterum; er sagt von ihm, daß er in dem Kothe der Erde gefunden würde, und zwey Ellen lang und zwey Zoll dicke sey. Der Gestalt nach, stelle er eine lange Wurst vor; er habe einen langen Rüssel, wie das Seepferdgen (Syngnathus hippocampus Linn.), innerlich finde man nur einen langen Darm, statt des Magens und der übrigen Därme, welche mit Wasser und Schum erfüllt sind, woraus man schließen könne, daß dieses seine Nahrung sey. S. Rondelet. de Pisc. Pars II. p. 110. Gesner, den Linné anführt, hat es wahrscheinlich nur aus dem Rondeletius genommen. Conrad. Gesneri Histor. Anim. Lib. III. de Aquatil. p. 1226. nach der Zürcher lateinischen Edition, vom Jahr 1558. Fol. Die andere Art, der verhüllte Sprützwurm, (Sipunculus saccatus Linn.) ist auch schon von Rondeletius und Geonern an andern Orten beschrieben, und wird Vermis microrhynchopterus genennt, weil dessen Rüssel viel kürzer ist, als der erstern Art. Sie sagen von ihm, daß er überall mit einer weichen Haut bedeckt sey, die über und über Einschnitte habe; der Mund oder Rüssel sey stumpf, und rage wenig hervor. Bey einigen fehle derselbe, und sie hätten nur ein Loch, um dadurch Speise zu erlangen. Der ganze Wurm sey so lang als ein Finger, und so dick als der kleine Finger.

●○

Sechster Abschnitt.
Von der Seefeder.*)

§. 1.

Aristoteles ist der erste gewesen, welcher die Seefeder zu den Pflanzthieren gerechnet hat, und diesem sind hernach andere, als Aldrovand,
Johnston, u. a. m. gefolgt.

Caspar

Finger. Die Zeichnung, die Rondeletius und Gesner geben, kömmt dem vom
Hrn. Bohadsch beschriebenen Wurm sehr gleich, sie stimmt aber weniger mit der,
die Linné in den Amoenitatibus academicis giebt, überein. Auch stimmt das mit
unsers Verfassers Beschreibung überein, daß der Körper gleichsam netzförmig ist; nur
macht der kürzere Rüssel und die weiche Haut einen gar zu großen Unterschied. Daß
Rondeletius einige gefunden hat, die ohne Rüssel waren, scheint zu beweisen, daß
sein Wurm eben die Fähigkeit hatte, den Rüssel auszustoßen und einzuziehen. Vielleicht ist es aber eine besondere Art von der, die Linné beschreibet. Nämlich unter
den Seltenheiten, die Hr. Lagerström in China gesammlet hat, befand sich auch
ein Wurm, den Linné zuerst zu dem Geschlecht der Nereiden, in seinem System
aber zu dem Spritzwurm gerechnet hat. Linné sagt: dieser Wurm mache gleichsam den Uebergang zwischen dem Blutigel und der blauen Nereide (Nereis coe-
rulea Linn. S. N. T. II.), aus, er habe eine glänzende Oberfläche, und endige sich
auf deren einem Ende in eine dünne, kurze, walzenförmige Röhre. Der Körper
bestehe aus einer dickern Walze, die mit einer durchsichtigen, weiten, und frey her-
umhängenden Haut umkleidet, und mit sich kreuzenden Streifen besetzt sey. Das eine Ende dieser Haut sey länger als das darinnen befindliche Thier, mache einen
Bauch, und sey nach der Länge gestreift. Diese Beschreibung nebst einem Kupfer,
findet sich in dem 4ten Bande der Amoenit. academ. Linnæi, p. 254. Hr. Müller
hat dasselbe Kupfer in seiner Uebersetzung des Linneischen Systems abstechen lassen,
4ter Band, 3ter Theil, Taf. 1. Fig. 7.

*) Hr. Bohadsch nennt die zu diesem Geschlecht gehörigen Thiere Pennas, welches am
besten durch den obigen, von den mehresten angenommenen Namen, übersetzt wird.
Er beschwert sich, daß Linné, das Diminutivum Pennatula, wider seine eigene
gegebenen Regeln, zum Geschlechtsnamen angenommen habe, weil dieses Thier nicht

so

Caspar und Johann Bauhin und auch Tournefort haben die Seefeder zum Pflanzenreiche gezählt. Denn bey dem letztern wird sie der federähnliche Tang, (Fucus Pennam referens,) [*] bey dem Caspar Bauhin das federähnliche Moos, (Muscus Pennae similis,) [**] und endlich bey dem Johann Bauhin Seefeder, (Penna Marina,) [***] genennt. Es ist zwar noch zweifelhaft, ob C. Bauhin unter dem vorhin angeführten Namen unser Pflanzthier habe anzeigen wollen. Es fällt mir daher ein, daß er vielleicht des Johann Ellis [****] gefederte und sichelartige Coralline, welche den Federn des Fasanenschwanzes ähnlich ist, und einen höckerigen Stiel hat, welche Boccone [*****] und andere Pinnariam nennen, mit diesen Namen belegt habe.

§. 2.

so klein sey, daß es diesen Namen verdiene. Allein vielleicht hat Linné im latein. diesen Namen gegeben, damit die Ordentlichkeit mit einer gemeinen Feder gehoben würde. Uebrigens raisonniret Herr ... doch sehr weitläuftig und unnöthig über seinen gegebenen Namen, welches mir zu übersetzen, Bedenken getragen haben.

*) Siehe Jo. Pitton. de Tournefort Inſtitutiones rei herbariae, Tom. I. p. 569.

**) Siehe deſſelben Pinacem Theatri Botanici, pag. 363.

***) Siehe deſſelben Hiſtor. Plantarum, Tom. III. Ebroduni, 651. fol. p. 790. 2 (nicht 802, wie der Verf. mit dem Linné citirt. Was J. Bauhin hier von derſelben ſagt, iſt von Wort zu Wort aus des Ferr. Imperati dell' Hiſtoria naturale, Lib. 27. pag. 747. (edit Neap. 1599. fol) genommen. Es heißt daſelbſt: die Seefeder hat einen Stiel, welcher dem Weſen nach, dem Ivlant ähnlich iſt; der Geſtalt nach ſtellt ſie eine Vogelfeder mit weitern, aus den Aeſtern hervorkommenden Strahlen (Peli, Haaren,) vor. Sie wächſt auf den Klippen und auf den Seeſchaalthieren, ſo daß einige nicht weit von einander entfernet ſind.

****) S. Eſſay tow. a natur. hiſtor. of corallines, p. 14. Tab. 8. f. a. A. Deſſen Ueberſetzung durch Krüniz, S. 17. der Faſanenſchweif. Nach dem Linné iſt ſie Sertularia Myriophyllum, S. Nat. pag. 1309. Müller i. M. S. VI. B. 2. Th. Federkoralline.

*****) S. deſſen Muſeo di Fiſica e di Eſperienze, Venet. 1697. p. 257. Tab. VI. n. 6. Hier ſcheint ſich unſer Verfaſſer wohl ſelbſt geirrt zu haben. Denn erſtlich führt Linné des C. Bauhins obigen Namen bey der Pennatula phoſphorea, und ſchreibt der Federkoralline den folgenden Namen beym Bauhin zu. Alsdenn kann man auch aus dieſem bloſſen Namen wenig urtheilen. Des Imperati kurze

M   Beſchrei-

§. 2.

Da ich mehrere Gattungen der Seefeder beschreiben kann, so will ich zuerst das Geschlechtskennzeichen und die Haupt-Beschreibung voraus schicken.

Die Seefeder ist also ein Geschlecht der Pflanzenthiere, dessen Körper wie eine Feder gebildet, und mit sehr vielen Fühlfaden,*) welche sich auf kleine Knöchelgen stützen, versehen ist. Wenn ich alle Gattungen der Seefeder so gut, als möglich, werde beschrieben haben, so wird erhellen, daß ich kaum andere Geschlechtskennzeichen habe anzeigen können, welche die Seefeder von allen andern Pflanzthieren unterscheiden könnten und zugleich allen Gattungen derselben zukämen. Die Gattungen der Seefeder aber sind folgende: Die rothe Seefeder mit sichelförmigen Floßfedern **) und mit Fühlfaden, welche auf der ausgehölten Fläche der Floßfedern liegen, oder die Seefeder, deren Kiel auf beyden Seiten gefedert ist. Pennatula Phosphorea des Linné.***) Die graue Seefeder, mit Floßfedern auf der einen Seite erha-

Beschreibung zeigt zwar, daß seine Seefeder angewachsen gewesen, da die vom Verfasser beschriebenen frey sind, und läßt also muthmaßen, daß die Alten ein ander Thier darunter gemeint haben: doch kann des Verfassers Muthmaßung nicht wahr seyn, weil sowohl Bauhin als Imperati, die Pinnarium des Boccone selbst beschrieben, wovon man die oben angeführten Stellen nachlesen kann. Ferner hat auch Hr. Dobadsch darinnen geirret, daß er des Boccone Pinnarium, mit der Federkoralline des Hrn. Ellis für eine Art gehalten hat: denn sie ist nach dem Linné Sertularia Pluma; Nach Hrn. Ellis, die Schotenkoralline; siehe deutsche Uebers. S. 16. Nach Hr. Müllern, die Buschkoralline; siehe Dessen L. M. S. VI. Th. 2 B. S. 841.

*) Wir haben das Wort beybehalten müssen, da unser Verfasser unten zu beweisen sucht, daß diejenigen Theile, welche andere Schriftsteller, wie Linné für Polypen halten, wirklich Fühlfaden eines Thiers seyn.

**) Hr. Müller übersetzt das Wort Pinna in diesem Geschlecht durch Strahlen, und wir würden kein Bedenken getragen haben, diesen Ausdruck beyzubehalten, wofern nicht unser Verfasser unten behauptet, daß sich das Thier derselben, wie die Fische der Floßfedern, bediente.

***) Der Verfasser citirt hier die zehnte Ausgabe des Linneischen Systems; S. 818. Item die leuchtende Seefeder ist von des Verfassers rothen Seefeder ganz und

ga-

erhaben, auf der andern eben sind, und deren Fühlfaden auf der erhabenen Seite der Floßfedern stehen.   Die röthliche Seefeder, ohne Floßfedern mit Fühlfaden, welche auf dem Stamme des Körpers liegen. Die ästige Seefeder ohne Floßfedern mit Fühlfaden, welche auf den Aesten stehen.")

§. 3.

Nachdem ich alle Gattungen der Seefeder, welche ich entdecken konnte, angezeiget habe, so folgt, daß ich einer jeden besondern Bau betrachte.   Die rothe Seefeder""") (Taf. 8. Fig. 1.) besteht aus einem Stamme und aus Gliedern

M 2   oder

gar unterschieden, wie man sich aus der verschiedenen Gestalt schließen kann. Hr. Pallas verbindet diese beyden Arten auch als Abänderungen. S. Dessen Elench. Zoophyt. p. 368.

") Diese gehöret eigentlich nicht zu diesem Geschlechte; sondern zu dem Seekork, Alcyonium.

"") Die Namen der Art hat Linné nach unserm Verfasser angenommen; und nennt diese Art: Pennatulam rubram, rachi pennata, pinnis imbricatis laevibus. Müllers L. N. S. VI. Th. 2. Band, Seit. 898. 35. Taf. 4. Fig. Pallas Elench. Zoophyt. p. 368. Pennatula rubra. Herr Ellis hat sie auch in den Philosoph. Transact. 53 Band, S. 434. Taf. 21. F. 1. 2. Unter den Alten hat Conrad Gesner eine Beschreibung gegeben, welche ohne Zweifel zu dieser Art gehöret. Siehe Dessen Histor. Animalium, Tom. IV. de Aquatilibus, Lib. IV. p. 818. Es heißt daselbst: Ich habe zu Rom eine rothe Seefeder gesehen, welche in der Mitte des Stiels eine weiße Linie hatte, in Ansehung ihrer Federn, war sie der Seefeder des Rondeletius, (dieses ist die folgende graue Seefeder,) ziemlich ähnlich; allein der bloße Stiel war länger, einfach, und hatte keine Aehnlichkeit mit einer Eichel. Kornelius Sittardus, der ihm diese Seefeder gesandt hatte, glaubte, daß Aristoteles die Seefeder schon unter die Pflanzenthiere gesetzt habe; allein Gesner behauptet, daß weder Aristoteles, noch jemand von den Alten, der Seefeder unter diesen Namen gedacht habe. Diese Beschreibung hat Aldrovand von Wort zu Wort aus dem Gesner genommen, ohne seiner zu erwähnen, sondern wo er ihn nennen sollte, setzte er hin: Zoographus dicit &c. Doch sagt Aldrovand, daß er eine blutrothe Seefeder gesehen habe, die von des Rondeletii seiner verschieden sey, und giebt eine Abbildung davon, welche aber freylich, wie Albin sagt, sehr
grob

ober Floßfedern; der Stamm ist theils bloß und pyramidenförmig a. theils mit Floßfedern b. worauf Fühlfaden c. c. sitzen, versehen; er ist nahe an dem bloßen Theile des Stammes ein wenig zusammen gezogen, wird nach und nach breit, und gegen das Ende zu wieder dünner. *) Die ganze Länge des Stammes ist sechs Zoll und zwo bis drey Linien. Die Dicke desselben ist verschieden, die Grundfläche des bloßen Theils zehen Linien und die Spitze drey Linien. Der Theil des Stammes, welcher mit Floßfedern besetzt ist, ist in der Mitte sechs Linien, nahe an dem bloßen Theile drey Linien und in der Spitze eine Linie dick.

Auf dem Theile, welcher mit Floßfedern versehen ist, kann man eine vierfache Fläche bemerken; nämlich den Rücken, dann den Bauch und zwo Seiten. Die Fläche auf dem Rücken ist dicker, als die auf dem Bauche, und mit (Fig. 2.) kleinen

grob ist, und nichts als die Gestalt einer Feder vorstellt. Siehe *Aldrovandi* de Animal. exfanguibus, Libr. IV. de Zoophytis, pag. 591. Bernh. Siegfr. Albin führt dieses aus dem Gesner und Aldrovand auch an; setzt aber folgende Beschreibung hinzu: Die rothe Seefeder sey kleiner als die weisse, (nämlich die graue unsers Verf.) ganz röthlich an dem Körper, und an den Aesten etwas blässer. Der Körper sey da, wo der Stamm anfängt, etwas aufgeschwollen, und habe die Gestalt einer länglichten Eichel. Diese Erhabenheit sey viel kleiner, als bey der grauen Seefeder, und der Körper nur etwas wenig am Ende gebogen. In demselben fänden sich auch keine Einschnitte. Der gefederte Theil des Körpers sey dicker, als der bloße Stamm, und in der Mitte durch einen Einschnitt in zween Theile getheilet. Er sey auch nicht glatte, sondern auf der untern Seite mit stachlichten Zähnen besetzt, die Federn seyn mit Zähnen besetzt, welche sich wechselsweise in entgegen gesetzte Seiten bewegen. Aus dieser Beschreibung sieht man, daß Albins rothe Seefeder, von der, welche unser Verfasser beschreibt, verschieden sey, und daß dessen Beschreibung ohne Zweifel zu der leuchtenden Seefeder des Linné gehöre. Denn bey unserer rothen Seefeder ist der gefederte Stiel schmäler, als der bloße, glatt, und die Ansätze an den Strahlen, oder die Fühlfaden unsers Verfassers, sind nicht gezähnt. Hr. Pallas hat diese Beschreibung des Albin, welche sich in dem ersten Buche seiner Academic. annotat. Lib. I. p. 79. findet, zu der rothen Seefeder gerechnet, und Linné hat sie bey seiner leuchtenden nicht angeführt; daher habe ich geglaubt, diese Beschreibung anführen zu müssen. Die übrigen vom Hrn. Pallas angeführten Synonymen, gehören alle zu des Linné leuchtender Seefeder.

*) Hr. Pallas nennt den Stamm rund, stumpf und glatt.

kleinen, halbrunden, purpurnen x. überall verstreuten Wärzgen geschmückt.*) In der Mitte des Rückens laufen weißlichte Linien b. welche sich am äußersten Ende fast in einem Punkte sammeln. Die Fläche auf dem Bauche ist weißlicht und mit einigen purpurnen Wärzgen versehen. Die beyden Seiten-Flächen sind diejenigen, aus welchen die Gliedmaßen oder Floßfedern herausgehen.

Der bloße Theil des Stammes ist überall von purpurnen Wärzgen und von darzwischen laufenden weißen Linien scheckigt; an der Spitze desselben sieht man (Fig. I.) eine sichelförmige Vertiefung d. welche nicht bis in das Innere bringet. Diese scheint dem Ulysses Aldrovand **) und Jonston ***) Gelegenheit gegeben zu haben, daß sie diesen Theil der Seefeder, die Eichel, nennten; die Italiener aber nennen sie Mentulam Aratam, sowohl wegen der erwähnten Vertiefung, als auch wegen des mit Floßfedern versehenen Stammes. Weil aber keine Oefnung in der Spitze vorhanden, und jene Vertiefung unwegsam ist, so erhellet hieraus, das dieser Theil des Stammes von der Eichel einigermaßen unterschieden sey. Die Bildung der erwähnten Vertiefung will ich bekannt machen, wenn ich den innern Bau der Seefeder werde aus einander gesetzt haben. Der ganze Stamm besteht aus einem lederartigen Wesen und ist auswendig wegen vorerwähnter Wärzgen rauch.

Die mit Fühlfaden versehenen Floßfedern nenne ich deswegen Gliedmaßen der Seefeder, weil sie unserem Pflanzthiere dienen, die Speise zu fangen.

M 3 Floß-

*) Diese hält Hr. Pallas am angeführten Orte für den Eyerstock. Hr. Müller sagt am a. O. der Körper sey zwischen den Floßfedern mit vielen weißen Punkten besetzt, an welchem sich nach der Abbildung des Hrn. Gouttnin, noch drey weiße Federgen zeigen, die Hr. Gouttnin für die junge Brut hält.

**) Siehe Dessen de Animal. exsanguib. Lib. IV. de Zoophytis, pag. 591. Er behauptet, daß der Stamm einige Ritzen habe, wie die Luftlöcher bey den Hayfischen. Uebrigens ist zu merken, daß sowohl diese, als was noch mehr von dieser Art beym Aldrovand gefunden wird, alles aus dem Rondeletius genommen ist, als daß auch die ganze Beschreibung nicht zu dieser, sondern zur folgenden grauen Seefeder gehöre, wie bey dem 4ten §. gezeiget werden soll.

***) S. Dessen Hist. Nat. de exsanguib. Aquaticis, Tabb. Meriani, Heilbr. 1767. Fol. daselbst finden sich zwar auf der zwanzigsten Tafel, die Abbildungen der Seefedern aus dem Aldrovand, verschönert, oder vielmehr verschlimmert; aber keine Beschreibung.

Floßfedern nenne ich sie aber deswegen, weil es dieselben nicht anders, als wie die Fische ihre Floßfedern, zum Schwimmen gebraucht.

Einige Seefedern haben vier und zwanzig, andere sieben und zwanzig, noch andere dreyßig und mehrere solcher Floßfedern auf jeder Seite des Stammes. Sie sind von verschiedener Größe; die kleinen stehen an dem spitzigern Theile des Stammes, die größten haben ihre Lage in der Mitte eben dieses Stammes. Alle sind sichelförmig und von lederartiger Substanz, (Fig. 3.) wie der Stamm, und mit unzählig kleinen safrangelben Streifen a. a. a. versehen. Die größern sind nahe an ihrem Ursprunge b. fünf Linien, nach dem Ende zu c. nehmen sie nach und nach ab und sind zwo Linien breit. Die ausgehöhlte Fläche d. der Floß, federn ist stumpf, die erhabene e. aber spitzig und schneidend.

Auf der ausgehölten Fläche kommen walzenförmige Fühlfaden mit acht beweglichen weißlichen Faden, nach der Größe der Floßfeder, in verschiedener Anzahl vor. Auf der größten Floßfeder zählt man vier und dreyßig, deren stehen vier und zwanzig nahe am Stamme der Seefeder in einer Reihe f. zehen aber am Ende der Floßfeder in zwo Reihen g. Sie entstehen so aus den Floßfedern, daß sie einen Körper mit denselben ausmachen.

Der walzenförmige Körper (Fig. 4.) der Fühlfaden a. hat eine welchere Beschaffenheit, als die Floßfedern selbst, und an dessen Ende sind acht weiße dünne Faden, drey Linien ohngefähr lang und gleich weit von einander entfernt b. b. An der Grundfläche eines jeden Fühlfadens (Fig. 3.) liegen einige zarte Knöchelgen h. welche kaum eine Linie lang sind, ohne Zweifel zu der Absicht, die herausgesteckten Fühlfaden zu stützen und, wenn sie innerhalb der Floßfedern zurückgezogen werden, für jede Verletzungen einigermaßen zu verwahren. Diese Knöchelgen nennen Ulysses Aldrovand und Jonston, (Festucas Alumini scissili similes,) Splitter, welche dem schieferichten Alaun ähnlich sind, jedoch der fleischichten Fühlfaden gedenket keiner von ihnen. Daher scheinen beyde die Seefeder ausgetrocknet gesehen und beschrieben zu haben, in welcher die vorerwähnten Knöchelgen dem schieferichten Alaun oder dem Asbest*) einigermaßen gleichen.

*) Der Verfasser führet den Waller an, und zwar dessen Mineralogie, die zu Berlin 1750. herausgekommen, wo dieser Asbest genennet wird: Asbestum fibris parallelis fragillimis, vix separabilibus. pag. 193.

gleichen. Die fünfte Figur stellt eine ausgetrocknete Seefeder vor, welche sehr von der lebendigen unterschieden ist und zugleich deutlich zeigt, daß die von andern Schriftstellern gegebenen Figuren der Seefeder, theils unvollkommen, theils erdichtet sind.

Wenn der Stamm der Länge nach geöfnet wird, so fließt ohngefähr eine Unze salziger Saft heraus. Der ganze Stamm ist hohl, seine äußere Seite macht eine lederartige über eine Linie dicke Haut aus. Zwischen dieser und einer andern dünnern Haut liegen an dem mit Floßfedern besetzten Theile des Stammes unzählige gelblichte Eyergen, welche kleiner sind, als der Saamen der Klatsch-rosen, (Papaveris Erraüci,[*]) in einem weißlichten Safte verborgen, und sind alsdenn am besten zu sehen, wenn der Stamm der Quere nach aufgeschnitten wird. Jene dünnere Haut kleidet die innere Fläche des ganzen Stammes aus und bildet eine Höhle in demselben, worinnen außer einem gelblichten Knochen, welcher fast drey Theile der Höhle einnimmt, nichts sichtbar ist.

Dieser Knochen (Fig. 6.) ist in einigen Seefedern zwey Zoll und sieben Linien lang und eine halbe oder auch ganze Linie dick, in der Mitte viereckigt a. gegen beyde Enden rund und sehr dünne. Jedoch ist dasjenige Ende dünner, welches sich nach der Spitze des gefederten Stammes richtet. Den ganzen Kno-chen umgiebt eine dünne, gelblichte, durchsichtige Haut; diese wird an beyden En-den in ein Band zusammen gedrehet, welches an der einen Seite sich in der Spitze des gefederten Stammes, an der andern aber in der Spitze des bloßen Stammes endiget. Durch Hülfe des obern Bandes wird das Ende des Knöchelgens in einen sehr engen Bogen b. zusammen gezogen, welches in dem lebendigen Thiere entweder in einen größern Bogen oder gänzlich in eine gerade Linie ausgedehnt ist, wie sich aus der Bewegung des Stammes, welche ich bald erzählen werde, schlüßen läßt.

Die Floßfedern sind auch aus einer doppelten Haut zusammen gesetzt, die äußere ist stark lederartig, die innere dünner, durchsichtig. So sind auch die walzenförmigen Theile der Fühlfaden beschaffen, nur daß bey diesen, wie ich kurz vorher erinnert habe, die äußere Haut weicher ist. Sowohl die Floßfedern, als auch die Fühlfaden sind ausgehöhlt, so, daß sich die Höhle der Fühlfaden in die Floßfedern, und die Höhle dieser in den Stamm öfnet.

Dieses

[*] Papaver rhoeas. *Linn.*

Dieses habe ich von dem innern Bau unsers Pflanzthiers entdecken können; jetzt will ich erzählen, wie die Bewegung in demselben beschaffen sey und wie ich diese beobachtet habe.*) Ich setzte die lebendige Seefeder in ein gläsernes mit Meerwasser angefülltes Gefäß, und nach einiger Zeit sahe ich, zu meiner großen Freude, die verschiedene bewundernswürdige Bewegung an verschiedenen Theilen.

Der Stamm wurde am Ende des bloßen Theiles kreisförmig zusammen gezogen, und ben diesem Zusammenziehen zeigte sich ein hoch purpurrother Ring; (Zona,) dieser breitete sich nach und nach bis zum andern Ende des bloßen Stammes, oder bis zur Grundfläche desselben auf; hier aber wurde er blässer, durchlief den ganzen mit Floßfedern besetzten Stamm und endigte sich endlich in seiner Spitze. Sobald diese Bewegung geschehen war, so erschien gleich ein ähnlicher Ring in der Spitze des nackenden Stammes, welcher sich ganz auf dieselbe Art bewegte. Weil dieser Ring überall sehr zusammengezogen ist, so schwillt der Stamm über ihm auf, und nimmt gleichsam die Gestalt einer Zwiebel an. Daher scheint es, als wenn sich ein etwas wenig zusammengedrücktes Kügelgen dem ganzen Stamm durch bewegte. Von dieser Zusammenziehung des Stammes hängt auch die starke rothe Farbe der Zone ab. Denn da, wie ich oben erwähnt habe, die Haut des Stammes auswendig mit vielen purpurrothen Wärzgen geziert ist, und die Zwischenräume weißliche sind, so werden bey dem Zusammenziehen desselben diese Zwischenräume der Haut verwischt und die Wärzgen rücken näher zu einander; folglich wird die purpurrothe Farbe viel höher. Es ist schwer zu bestimmen, ob diese Bewegung, die Bewegung des Herzens oder eine wurmartige Bewegung sey. Die Aehnlichkeit der Bewegung des Herzens in den Raupen könnte mich, das erste anzunehmen, bewegen, in deren Rücken auch gleichsam ein Kügelgen von dem Schwanze gegen den Kopf fortgetrieben wird; allein der übrige Körper bleibt ruhig; in der Seefeder aber sieht man jenes bewegliche Kügelgen überall am Stamme. Daher halte ich es eher für eine wurmartige Bewegung.

Die Spitze des bloßen Stammes wird außerdem bald wie ein Haken gekrümmt, bald in eine gerade Linie ausgedehnt. Ich muthmaße, daß beydes

von

*) Unser Verfasser ist der einzige, der diese Bewegung der Seefedern beobachtet hat.

von der Bewegung des inwendig liegenden Knochens herkomme; denn indem sich dieser in einen engen Bogen zusammenzieht, so wird die Spitze wie ein Haken gekrümmt; dehnt er sich aber in einen größern Bogen oder gar in eine gerade Linie aus, so liegt diese auch gerade. Und von dieser Bewegung des Knochens scheint auch jene Vertiefung in der Spitze des bloßen Stammes gebildet zu werden: denn diese ist bald mehr, bald minder tief. Wenn das bewegliche Kügelgen in der Mitte des gefederten Stammes erscheint, ist sie tiefer; weniger tief aber, wenn es am Ende des bloßen Stammes ist, und zu dieser Zeit ist der Knochen mehr ausgedehnt.

Die Floßfedern aber werden auf eine vierfache Art beweget; denn entweder werden sie gegen den bloßen Stamm oder gegen die Spitze des mit Floßfedern besetzten Stammes beweget, oder sie werden gegen den Bauch zu sehr zusammen gezogen, oder bald darnach ein wenig gegen den Rücken zu gebeugt.

Endlich werden die fleischernen Faden der Fühlfaden nach allen Gegenden zu beweget und ihr walzenförmiger Theil wird zugleich mit den jetzt erwähnten Faden entweder aufgerichtet oder in den Floßfedern verborgen.

Ob dieses sonderbare Pflanzthier sich mit den ganzen Körper von einem Orte an einen andern bewege, habe ich nicht gesehen, weil ich es, wie ich oben gesagt habe, in einem Gefäße aufbehalten habe, wo es wegen der geringen Menge des Wassers den Ort nicht verändern konnte. Unterdessen zweifle ich gar im geringsten nicht, daß die Seefeder vermittelst der Floßfedern sich von einem Orte zu dem andern bewege: wenigstens zeigt der Bau derselben und ihr natürlicher Aufenthalt auf dem Grunde des Meeres, von welchen sie bisweilen gegen die Oberfläche des Meeres kömmt, hinlänglich, daß dieses geschehe.

Unser Pflanzthier lebt auf der hohen See, wo es bisweilen mit andern Fischen gefangen wird. Wenn es sich nach der Oberfläche des Meeres begiebt, so umgeben seinem Körper unzählige Blasen, welche am Tage, wie Sterne, glänzen. Dieses habe ich nicht jetzt, sondern schon im Jahre 1749. bemerkt. Zu der Zeit beschäftigte ich mich noch nicht mit der Naturgeschichte; und als ich den von Blasen glänzenden Körper ohngefähr vier Fuß unter der Oberfläche des Meeres sah, hörte ich von den Fischern, daß sie diesen Körper eine Feder nennten.

Wovon dieses Pflanzthier sich nähre, kann ich nicht bestimmen, weil ich keine Speise in der Höhle des Stammes gefunden habe. Vielweniger kann ich

N   vor

vor gewiß den Theil bezeichnen, durch welchen die Seefeder, Speise zu sich nimmt. Denn ich habe keine Oefnung des Mundes weder in der Spitze des bloßen, noch am Ende des mit Floßfedern besetzten Stammes, und endlich auch keine an dem Körper der Fühlfaden entdecken können. Es könnte zwar wahrscheinlich scheinen, daß der Mund am Ende des mit Floßfedern besetzten Stammes liegen müsse: denn daselbst sind die Fühlfaden, welche die Speise leicht in den Mund bringen können, am häufigsten. Die übrigen auf den größern Floßfedern liegenden Fühlfaden aber sind der Seefeder gegeben, damit sie, vermöge dieser, an andern Körpern anhängen könne. Allein ich werde mich darzuthun bemühen, daß die Oefnung des Mundes anderswo liege, und daß die Fühlfaden zu einer andern Absicht der Seefeder gegeben sind, wenn ich alle Gattungen derselben werde beschrieben haben.

Uebrigens kommen einige Abänderungen der rothen Seefeder vor; einige sind bläßer und rosenroth, andere sind hochroth. In jenen liegen die Fühlfaden weiter von einander, und in einer Reihe auf den Floßfedern; so daß ein Fühlfaden, von dem andern breit eine halbe Linie absteht. In diesen aber stehen die Fühlfaden am Ende der Floßfedern in zwo Reihen und sehr enge beysammen, daß man fast keinen Zwischenraum sieht. Und man kann sie folgendermaßen von einander unterscheiden: 1. Die rothe Seefeder mit sichelförmigen Floßfedern und mit Fühlfaden, welche auf der ausgehölten Fläche der Floßfedern, sehr enge beysammen stehen: 2. Die rosenrothe mit sichelförmigen Floßfedern, und mit Fühlfaden, welche auf der ausgehölten Fläche der Floßfedern weit von einander stehen. In Ansehung der übrigen Struktur des Körpers, kommen alle mit einander überein, so, daß ich nichts mehr hinzusetzen darf.

§. 4.

Die graue Seefeder,[*] (Taf. 9. Fig. 1.) welche eigentlich die andere Gattung

[*] Pennatula grisea, stirpe carnosa, rachi laevi, pinnis inbricatis spinosis, *Linn.* Syst. Nat. Edit. XII. p. 1321. Ausserdem hat auch Hr. Ellis im 53sten Bande der Philosoph. Transakt. Seite. 429. T. 21. F. 6. 10. diese Art beschrieben und abgezeichnet. Eine ganz mittelmäßige Abbildung davon findet sich auch in des *Alberti Sebae* Rerum natural. Thesauro, Tom. III. p. 39. Tab. XI. Fig. 8. Sie wird daselbst

tung dieses Geschlechts ausmache, ist acht Zoll lang und besteht eben so, wie die vorhergehende, aus einem Stamme und Gliedmaßen oder Floßfedern. Der Stamm ist auch theils bloß, theils beflügelt, oder mit Floßfedern besetzt. Der

N 2 · bloße

selbst Penna marina phosphorica genennet. In der Beschreibung steht nichts merkwürdiges: Sie könne die Strahlen hin und her bewegen, sey einer Fischfloßfeder fast ähnlich, und auf beyden Seiten mit stachlichten Anhängen versehen, welche schichtweise über einander lägen. Sie wachse an den Felsen der See, und solle in der Nacht, wenn sie auf dem Wasser schwimmt, leuchten. Auf der hier gegebenen Abbildung fehlen die Wärzgen, die unser Verfasser angezeigt hat. Hr. Pallas hat sie in seinem Elencho Zoophyt. pag. 367. auch unter den Namen der grauen Seefeder; als die unterscheidenden specifischen Kennzeichen, nimmt er an, daß sie die Gestalt einer Feder habe, deren Stiel rund, und nahe an der Feder zwiebelförmig werde; deren Federn gezähnt seyn, Eyer tragen, und aus den Zähnen viel Polypen hervorkommen. Von den Alten beschreibt sie Rondeletius in seiner Aquatil. Historia, P. II. p. 129. Nach den angeführten Ursachen von dem der Seefeder gegebenem Namen, heißt es daselbst: der dickere Theil, welcher die Gestalt der Eichel hat, besitzt einige Einschnitte, wie die Luftlöcher bey den Harfischen. Der Federähnliche Theil besteht aus zarten Splittern, die dem schiefrichten Alaun ähnlich sind, und auf diesem sitzt ein anderes zartes Wesen. In der Nacht glänzt sie sehr, wie ein Stern, wegen der glatten und glänzenden Haut. Die Ritzen, die Rondeletius anzeigt, sind die von unserm Verfasser bemerkten Runzeln. Aus dem Rondeletius hat Aldrovand die oben Seit. 93. angeführte Beschreibung von Wort zu Wort genommen, woraus erhellet, daß unser Verfasser den Aldrovand bey der rothen Seefeder nicht hätte anführen sollen. Das Kupfer des Aldrovand ist auch aus dem Rondeletius, und ist es viel gröber. Diese graue Seefeder beschreibt auch Bernh. Siegfr. Albinus in dem ersten Buche seiner Academicarum annotationum, (Leidae, 1754. 4. p. 77.) Er sagt: die Federn sind auf der einen Seite den Splittern nicht unähnlich, ganz glatt, wie der Körper, an der andern aber entstehet daraus eine stachlichte Franze; diese Franzen liegen eine über der andern, wie die Dachziegel, und stellen einigermaßen Flügel vor. Die Abbildung, die er auf der sechsten Tafel Fig. 1. u. 2. giebt, ist, in Vergleichung mit der von unserm Verfasser gegebenen, nur mittelmäßig zu nennen; denn an den Lappen der Floßfedern sind die Zähne nicht ausgedrückt, auch sieht man nichts von den kleinen Wärzgen am Rande der Lappen. Der Stamm ist bey dem Albin verhältnißmäßig dicker und kürzer, die Runzeln, die unser Verfasser anzeigt, größer, so, daß des Rondeletius

Der

bloße Theil des Stammes iſt zwey und einen halben Zoll lang. Der mit Floßfedern beſetzte Theil aber fünf und einen halben Zoll lang. Die Dicke des ganzen Stammes iſt etwas größer, als in der vorhergehenden Gattung. An der
Spitze des bloßen Stammes ſieht man eine pfeilförmige Vertiefung a. welche der
Ritze der Eichel ſehr ähnlich iſt. An dem erhabenen Theile deſſelben b. ſind verſchiedene Runzeln, welche Ulyſſes Aldrovand vor Ritze hielt und Jonſton *)
abgezeichnet hat. An dem Ende des mit Floßfedern beſetzten Stammes liegt ein
unwegſames Stückgen Fleiſch c.

Auf jeder Seite des Stammes liegen über dreyßig Floßfedern. Die erſtern
zehen d. nahe an dem bloßen Stamme, ſind kleiner, unregelmäßiger und von
verſchiedener Größe. Die größten e. in der Mitte des Stammes ſind zehen Linien lang und ſechs Linien breit, die übrigen nehmen nach und nach gegen das
Ende des Stammes ab.**) Eine jede Floßfeder ſtellt eine Sichel vor, deren
ausgehölter Theil gegen den Rücken, der erhabene Theil aber gegen den Bauch
des Stammes gerichtet iſt. (Fig. 2.) Der ausgehölte Theil a. iſt ſpitzig, glatt
und mit einer andern warzigten gelblichten Haut b. b. umkleidet. Der erhabene
Theil iſt in verſchiedene gekerbte Lappen c. c. c. getheilt, deren nach der Größe
der Floßfedern mehrere oder weniger an der Zahl ſind; an der größten zählt man
zwölfe. An den Seiten eines jeden Lappen ſieht man ſechs bis ſieben ſchwärzlich
blaue Spuren der Fühlfaden in Geſtalt kleiner Näpfgen d. d. Spuren von
Fühlfaden nenne ich ſie, weil ich dieſe Gattung der Seefeder todt und nur eine
einzige bekommen habe, wo die Fühlfaden in den Floßfedern verſteckt waren.
In der Mitte eines jeden Stückes hängen mehrere runde ſpitzige Knöchelgen feſt,
welche über die Stücken herausragen.***)

Das

Vergleichung derſelben, mit den Luftlöchern an den Hayfiſchen, nicht ganz una-
gemeſſen iſt. Hr. Pallas, der dieſe Thier lebendig geſehen zu haben ſcheint, fälle
kein Urtheil von den beyden Kapſeln, welches der Natur angemeſſener ſey.
*) S. Tab. XX. Lib. de Exſanguibus. Verf.
**) Daher bekommen alle Floßfedern zuſammen genommen, wie Hr. Pallas bemerkt,
eine enſförmige zugeſpitzte (ovatolanceolata) Geſtalt.
***) Pallas ſagt: die Floßfedern ſind mondförmig, abgeſtumpft, an dem ausgehölten
Rande mit Egern beſetzt, (die unſer Verf. in der 2ten Fig. a b b. anzeigt,) und an
dem

Das Wesen des Stammes und der Floßfedern ist auch hart, lederartig und aus verschiedenen sehnichten netzförmig liegenden Fasern zusammengesetzt, zwischen denen ein dünnerer Theil, oder, wie die Alten zu sagen pflegen, zellichtes Gewebe (Parenchyma) befindlich ist. Die Lage der Fasern sieht man desto leichter, wenn man die Seefeder einige Zeit in Weingeiste aufbehalten hat. Denn alsdann wird jener schwammichte Theil einigermaßen zusammen gezogen, und dann bleiben gemeiniglich rautenförmige Zwischenräume zwischen den sehnichten Fasern. Man trift auf der äußerlichen Fläche des Stammes keine Wärzgen an, sondern die erwähnten sehnichten Fasern ragen hier und da über die Oberfläche heraus und machen die Haut einigermaßen rauh. Diese Fasern sind bläulicht grau, die Zwischenräume aber weißlicht.

Die Floßfedern sind eben von demselben Bestandwesen, nur ihre Grundfläche oder den spitzigen Theil ausgenommen, welcher, wie ich im Anfange anmerkte, mit einer andern starken Haut umkleidet ist, worauf runde gelblichte Wärzgen in großer Menge vertheilt sind. Diese Wärzgen erscheinen in allen Floßfedern wie Fig. 3. wo die Seefeder auf der verkehrten Seite oder dem Rücken abgezeichnet ist.

Bloß durch das Gefühl habe ich in dem Stamme eben so, als an der vorhergehenden Gattung, einen sehr langen und runden Knochen entdeckt: [*] denn ich trug Bedenken, das einzige Individuum dieser Gattung zu verletzen, und bewahrte es lieber in Weingeiste auf. Jedoch zweifle ich nicht, daß diese Gattung auf eben die Art, wie die vorhergehende, inwendig gebauet sey und eben die Bewegung habe. Denn der kugelförmige Theil, welcher an der Grundfläche des nackenden Stammes entsteht, ist von der zusammenziehenden Bewegung desselben gebildet und bleibt in dem todten Thiere zurück.

Es ist aber sowohl in dieser, als auch in der vorhergehenden Gattung vorzüglich zu bewundern, daß ich keinen After und keinen Mund, aller angewandten

N 3						Mühe

dem erhabenen gezähnt; jeder Zahn wird durch den mittelsten Stachel zugespitzt, und trägt auf beyden Seiten Polypen. Ohne Zweifel sind diese die Spuren von den Fühlfaden unsers Verfassers. Man sieht hieraus, daß des Hrn. Pallas Beschreibung vollkommen mit der Zeichnung unsers Verfassers übereinstimmet.

[*] Hr. Pallas sagt: der Knochen sey rund, hakenförmig, auf beyden Seiten verdünnt, und zerbrechlich.

Mühe ohnerachtet, habe entdecken können. Es würde nicht schwer fallen, beyde Theile Vergleichungsweise anzuzeigen; wenn ich nämlich die Seefeder mit der Zitterblase vergleichen wollte, in welcher der Mund in der Mitte der ästigen Fühlfaden und der After an dem andern Ende liegt. Daher könnte man aus dieser verglichenen Zergliederung schließen, daß die Seefeder den Mund am Ende des mit Floßfedern besetzten Stammes, den After aber in der Spitze des nackenden Stammes habe. Weil aber dieses Pflanzenthier nicht so gar klein ist, daß man nicht in Rücksicht auf die Größe seines Körpers, die Oefnung des Mundes und Afters wenigstens mit dem Vergrößerungsglase, wo nicht mit dem bloßen Auge, sollten sehen können, so zweifle ich noch sehr, daß sie in vorbenannten Enden liegen sollten.

Jedoch reder Linné *) in dem Geschlechtscharakter seiner Pennatula von einem gemeinschaftlichen runden Munde an der Grundfläche, welche ich dem bloßen Stamm nenne. Sind wohl die Seefedern, welche in der Nordsee leben, anders gebildet? Wenigstens kenne ich von den vier Gattungen der Seefeder, welche der berühmte Mann anzeigt, keine, außer der ersten, welche er Phosphorea nennt. Daß dieses aber die nämliche sey, welche das mittelländische Meer bewohnt, sehe ich aus den vom Linné zu dieser Gattung angeführten Schriftstellern, welche einstimmig bezeugen, daß die rothe Seefeder, oder die P. Phosphorea des Linné, im mittelländischen Meere vorkomme. Der einzige Linné nennt sie einen Einwohner der Nordsee.

§. 5.

Die dritte Gattung der Seefeder ist, so viel mir bekannt, noch von niemand beobachtet worden, ausgenommen von den Fischern, welche sie in ihrer Muttersprache Penna del pesce pavone nennen. Dieser Fisch gehört zu den Geschlecht der Lippfische, und wird gemeiniglich Meerpfau genennt; nach dem Artedi heißt er: Labrus pulchre varius, pinnis pectoralibus in extremo rotundis.**)

Hier-

*) Siehe Deßen Naturkystem, die zehnte Edition, S. 818. 819. Os baseos commune rotundum. Dieses Kennzeichen hat Linné in der zwölften Ausgabe selbst verwirret. Uebrigens ist schon oben bemerkt, daß die Pennatula phosphorea des Linné, von der rothen Seefeder des Hrn. Bohadsch verschieden sey.

**) Siehe Petri Artedi Ichthyologia, Lugd. Bat. 1738. Genera piscium, p. 34. Synonyma

Hieraus sieht man, daß der Taf. 9. Fig. 4. abgezeichnete Körper auf keine Art ein Theil dieses oder eines andern Fisches seyn könne, sondern daß er vielmehr eine Gattung unserer Seefeder ausmache.

Diese Gattung[*] hat keine Floßfedern, sondern besteht aus einem einfachen knöchern Stamme, welchen viele Fühlfaden umgeben. Ihre ganze Länge beträgt zwey Fuß und zehen Zoll, und ich zweifle nicht, daß sie noch größer gewesen sey.[**] Denn diejenige, welche mir gebracht wurde, und welche ich hier beschreibe, (Fig. 4.) war am äußersten Ende a. abgerissen, daher auch ihres Lebens und ihrer natürlichen Gestalt beraubt. Der Körper dieser todten Seefeder war vierecfigt, wegen des ähnlich gestalteten und durch den ganzen Körper ausgedehnten Knochens. Dieser war nicht so hart, als der in dem Stamme der ersten Gattung enthaltene Knochen, sondern zerreiblich und schien gleichsam aus einer mehligten Masse zusammengesetzt zu seyn;[***] er hat keinen besondern Geschmack, zwischen den Zähnen aber knistert er.

Die

nonyma pisc. p. 55. wo alle alte Schriftsteller, die diesen Fisch beschreiben, angezeigt sind. Das beste Kupfer, das bis jetzt bekannt ist, findet sich beym Willughby, in seiner Historia pisc. p. 322. Tab. X. 3. Linné nennt diesen Fisch: Labrus Pavo. S. N. Tom. I. p. 474. und Hr. Müller Meerpfau; siehe Dessen ausführl. Erklärung des Linnéischen Systems, IV. Band, S. 200.

[*] Nach dem Linné a. a. O. heißt sie: Pennatula antennina, stirpe subtetragona, setiformi, hinc pinnula flosculis conferta. Hr. Müller nennt sie die Borstenfeder; s. Dessen Erklär. des Linn. N. S. VI. B. 2. Th. S. 590. Nach unserm Verfasser hat diese Art auch Hr. Pallas Elench. Zooph. pag. 372. n. 219. beschrieben. Er nennt sie: Pennatulam quadrangularem, simplicem, rhachi quadrangulari, altero latere polypiferam. Ferner Hr. Ellis im 53sten Bande der philosoph. Transactionen, Seit. 431. Tab. 20. Fig. 8.

[**] Der Stamm der Borstenfeder, die Hr. Pallas am a. O. beschreibt, war mehrere Fuß lang, und so dicke als der Kiel einer Gänsefeder. Der mittlere Stiel hat allenthalben gleiche Breite, vier Seiten, und auf der einen Seite sitzen die Polypen dichte an einander.

[***] Nach Hrn. Pallas war der Knochen vierseitig, graulich weiß, so beweglich wie Fischbein, fasrig, und nach unten zu stumpf. Er hat einen Knochen gesehen, der zwey Fuß lang, ohne Haut, und an dem einen Ende abgerissen war; an demselben schien er etwas verdünnt gewesen zu seyn.

Diesen viereckigten weißen Knochen umkleidet unmittelbar, eine gelblichte Haut, welche mit einem salzigten Geschmack begabt ist, und um diese ist die lederartige ohngefähr eine halbe Linie dicke Haut überall umzogen. Zwischen beyden Häuten, glaube ich, ist bey dem lebendigen Thiere ein Saft enthalten, und die Gestalt der ganzen Seefeder halte ich für walzenförmig und zwar deswegen, weil auch der Stamm der todten und ausgetrockneten rothen Seefeder anders gebildet ist, als wie man ihn bey einer lebendigen bemerket. Die äußere Fläche der Haut ist mit wenigen kleinen röthlichen Wärtzgen geschmückt.

Man zählt tausend dreyhundert und zehn Fühlfaden b. welche den Stamm unmittelbar umgeben und so gestellt sind, daß sie die drey Seiten des Stammes einnehmen, so, daß der untere Theil c. frey bleibt. Außerdem sind sie in verschiedene überaus regelmäßige Reihen getheilt. Eine jede Reihe ist von der andern vier Linien entfernt, und in jeder stehen fünf Fühlfaden in einer schiefen Linie. Jeder Fühlfaden aber ist von den andern den vierten Theil einer Linie entfernt.

Die Gestalt und das Bestandwesen (Fig. 5.) der Fühlfaden ist fast dieselbe, wie bey der ersten Gattung der Seefeder: nämlich ihr Körper a. welcher nach der Länge anderthalb Linien und im Durchmesser eine halbe Linie beträgt, ist walzenförmig und mit einer lederartigen Haut umgeben; an ihrem Ende ragen acht weißlichte Faden b. ein wenig hervor, welche mit ganz kleinen Knöchelgen versehen sind; diese Knöchelgen konnten in der gegebenen Figur nicht abgebildet werden, damit die Gestalt der Fühlfaden nicht verdunkelt werden möchte. Mit dem andern Ende oder mit der Grundfläche ist ein jeder Fühlfaden mit der Haut des Stammes verbunden: denn, wenn man einen Fühlfaden von dem Stamme abreißt, so bleibt ein Theil davon an der Haut hängen, wie man an dem bloßen Theile (Fig. 4.) des Stammes d. sehen kann, wo einige Fühlfaden fehlen und ihre Spuren nur noch übrig sind.

Diese Fühlfaden sind von den Fühlfaden der vorhergehenden Seefedern unterschieden, weil sie auch im todten und ausgetrockneten Thiere, wenn es seine ganze Gestalt behält, außerhalb des Körpers desselben hervorragen, bey den vorhergehenden aber innerhalb der Floßfedern zurückgezogen werden, und gar nicht zu sehen sind.

§. 6.

§. 6.

Zum Geschlechte der Seefeder rechne ich noch den Seekörper, welchen Tournefort*) fucum manum referentem, und Johann Bauhin palmam sive manum marinam quorundam**) nennet, und welcher von mir die ästige Seefeder ohne Floßfedern, mit Fühlfaden, welche auf den Aesten stehen, genen-

*) Siehe Dessen Instit. rei herb. Tom. I. p. 569.

**) S. Dessen Histor. Plantar. Tom. III, Lib. XXXIX. p. 791. a. Er sagt: Sie stellt eine von dem Arm abgeschnittene Hand vollkommen vor, der Stamm wird nach und nach breiter, und vertheilt sich in vier, fünf und mehrere Finger, die rostfarbig, runzliche und schwammartig sind, und sich wieder vielfach in noch kleinere Theilgen spalten. Die ganze Substanz ist gleichsam lederartig und häutig. Der Geschmack und Geruch salzig. Unter den ältern Schriftstellern ist wohl Ceoner der erste, welcher in seiner Hist. Animal. Tom. IV. de Aquatil. pag. 619. eine Abbildung gegeben hat. Er sagt aber weiter nichts davon, als daß es ein Pflanzthier sey, das man nicht essen könne, und dessen kein alter Schriftsteller Erwähnung thue. Beym Rondeletius, den Hr. Pallas anführt, finde ich nichts davon. Aldrovand hat das Kupfer aus dem Ceoner genommen, thut aber keine Beschreibung dazu; siehe Dessen de Animal. exsanguib. pag. 593. Wahrscheinlicher Weise ist des Imperati seine Palmetta marina, auch unser Pflanzthier; Er sagt: das Wesen desselben sey wie getränktes Pergament, und es komme darinnen mit der gemeinen Koralle überein; in der Mitte der Blätter sey es mehrgrau, an den Enden aber purpurroth. Es wären auch einige Arten weiß, andere roth, und hätten krause Blätter. Man vergleiche hiermit des Marsigli Beschreibung. Einige mittelmäßige Kupfer von der Seeband, ohne Beschreibung, finden sich in des Jac. Barellieri Icon. plantar. per Gall. Hispan. et Ital. observatt. Paris. 1714. fol. pag. 118. Icon. 1293. 1294. Aus diesem hat Petiver, wie Hr. Pallas meldet, in seinem Plant. ital. Tab. 1. F. 2. 3. die Abbildungen entlehnt. Die beste Beschreibung und Beobachtungen davon giebt uns der Graf Marsigli, in seiner Histoire physique de la Mer, à Amsterd, 1725. Fol. pag. 85. 163. Tab. 15. n. 74. 75. Tab. 38. 39. Main de Larron. Diese Kupfer hat Hr. Schäffer in seiner Beschreibung der Blumenpolypen abstechen lassen. Hr. Pallas führt noch des Ginanni Opere posthume del Mare Adriatico, Tom. I. pag. 45. Tab. 50. und den Plancus in den Act. Senenf. II. p. 222. Tab. 8. F. 6-8. an; diese Bücher aber habe ich nicht zum Vergleichen bekommen können.

O

genennet wird. Wiewohl nun die Gestalt dieses Pflanzenthiers nicht vollkom=
men den Federn der Vögel ähnlich ist, so verbinden es dennoch die Lage und der
Bau der Fühlfaden, ferner die Farbe, der Geruch und die Substanz des ganzen
Körpers mit dem Geschlechte unserer Seefeder. [)]

Der Körper (Fig. 6.) desselben wird in Stamm und Aeste getheilt. Der
Stamm a. ist an einigen dieser Thiere drey Zoll lang und sieben Linien breit, [)]
fast walzenförmig weißlicht, besteht aus einer mehlichten Substanz, welche zwi=
schen den Zähnen knistert, und ist mit verschiedenen Röhrgen, welche inwendig
der Länge nach herunter laufen, versehen. Er ist also fast eben so, als wie der
Knochen der dritten Gattung unserer Seefeder beschaffen; ingleichen kann er
zusammengedrückt oder freywillig zusammengezogen werden, wie man an dem
todten und ausgetrockneten Pflanzenthiere Fig. 7. beobachten kann, wo der
Stamm kaum drey Linien dick ist, welcher doch beym lebendigen Thiere sieben Li=
nien im Durchmesser beträgt. [)]

Die Grundfläche des Stammes b. ist ein wenig breiter, und hängt an an=
dere Körper, wie die Corallen (Isides, Corallia,) an. [)]　Das andere Ende
des Stammes wird bey einigen in fünf, bey andern in sieben und endlich in neun
größere stumpfe Aeste getheilt, welche wiederum sich in kleinere stumpfe Aestgen
endigen. Alle haben die Gestalt einer zusammengedrückten Walze, sind sechs
　　　　　　　　　　　　　　　　　　　　　　　　　　　Linien

[)] Linné und Pallas rechnen dieses Pflanzthier zu dem Alcyonium, Seekork. Nach
　dem erstern heißt es: Alcyonium exos; stirpe arborescente coriacea, superne ra=
　mosa, papillis stellatis, S. N. Tom. I. P, II. p. 1293. Müllers L. N. S., VI. B.
　2. Th. S. 775. der Fingerkork. Pallas nennt es: Alcyonium palmatum;
　Elench. Zooph. pag. 349. Außerdem führet Linné noch des Pallas Spongiam
　floribundam hier an, die mit aber wohl verschieden zu seyn scheint.

[)] Nach Hrn. Pallas zuweilen einen halben Fuß hoch, so dick als ein Finger, und
　theils lederartig, theils knorplicht.

[)] Der Stamm ist, nach dem Marsigli, weiß, etwas höher mit roth vermischt, und
　die Aeste sind ganz roth; in einigen purpur, in andern rosenroth, und in den mehre=
　sten gelblich. Er besteht zuerst aus einer Rinde, welche voller Drüsen ist; das übrige
　ist fast so wie ein Pelz beschaffen. In den Röhren der Rinde und des innern Stamms
　ist ein milchartiger Saft enthalten, welcher salzig schmeckt, mit den Säuren braußt,
　und das blaue Papier roth färbt.

[)] Er wächst auf den Klippen und andern Schaalthieren. Marsigli.

Linien breit und roth gefärbt mit untermischten weißen Streichen. Die Aeste sind lederartig, eben so, wie die Haut an der ersten Gattung der Seefeder, inwendig mit verschiedenen Löchern durchbohrt, worinnen ein salzichter Saft enthalten ist, auf dem gelblichte Kügelgen in großer Menge schwimmen.

Viele Fühlfaden c. nehmen die ganze Fläche der Aeste ein und verbinden sich mit ihnen unter einem spitzigen Winkel. Sie sind ganz walzenförmig und weiß, zwo Linien lang, eine halbe Linie dick und am Ende mit acht fleischernen weißen Faden versehen. Mit ihrer Grundfläche sitzen sie in den rothen Zellen, welche von der Haut der Aeste gebildet sind und acht Einschnitte haben. In diesen werden sie nach Belieben des Thieres verborgen oder wieder herausgestreckt. *)

Wenn die Fühlfaden in den Zellen verborgen sind, so bleiben die sternförmigen Einschnitte mit den gelben Lappen übrig, die man an dem ausgetrockneten Pflanzenthiere sieht. Weder am Stamme, noch an den Aesten findet man einen Knochen, daher könnte man diese Art, um sie desto leichter von den andern zu unterscheiden, die knochenlose Seefeder nennen. **) Man findet aber bey dieser, so

D 2   wie

*) Marsigli hält die Fühlfaden unsers Verfassers, die andere für Polypen ansehen, für Blumen, ob er gleich ihre Bewegung wahrgenommen hat. Er sagt Seit. 164: Ich that den Federkork ins Wasser, und nach einigen Stunden war er ganz aufgebühet. Wenn man ihn aus dem Wasser nimmt, und trocken werden läßt, so ziehen sich die Blumen (oder vielmehr Polypen) in die Knospen; (das sind die Zellen unsers Verf.) setzt man sie wieder ins Wasser, so gehen sie wieder hervor. Die Blumen sitzen auf einer Walze, welche an der Grundfläche dicker wird. Die Abbildungen des Marsigli sind etwas von denen, die unser Verf. giebt, unterschieden. Er hat die Blumen, oder vielmehr Polypen, mit der Lupe, und auch mit dem zusammen gesetzten Vergrößerungsglase untersucht, und dieselben sowohl mit eingezogenen Faden, als auch mit ausgebreiteten Armen abgebildet. Ich habe ein Exemplar vor mir, wo einige Platten illuminirt sind, und auch die 139. Platte. Daselbst ist der walzenförmige Körper blässer roth, die Faden an den Rändern mit zinnoberrothen Streifen besetzt, und der mittlere Theil zwischen den Faden, bey einem ausgebreiteten Polypen, auch roth. Die Faden sind länglich zugespitzt, mit gezacktem Rande. Es ist zu verwundern, daß Marsigli, da er die freywillige Bewegung dieser Polypen gesehen und beschrieben hat, doch bey dem Irrthume geblieben, und sie für Blumen angesehen hat.

**) Da die Seehand oder der Federkork keinen Knochen hat, ferner mit seinem Stamm

wie bey der ersten Gattung der Seefeder, einige Abänderungen, indem einige dunkelrothe, andere röthliche gelbe Aeste haben. Merkwürdig ist auch, daß die Aeste nicht einmal in zwey Individuen von gleicher Anzahl oder in einerley Lage, sondern in allen anders beschaffen sind, wie die Aeste der edlen Korallen, (Isidis,) des Korallenmooses, (Corallinae,) und der Sternkoralle, (Madreporae,) und anderer ähnlicher Pflanzenthiere.

Aus dieser kurzen Beschreibung der Seehand und Figur derselben, hoffe ich, wird jedermann einsehen, daß Hr. Schäffer*) dieselbe nach seinem Gefallen abgezeichnet habe. Denn die Aeste an seiner Figur keimen aus dem großen Stamme einzeln hervor, und kommen mehr der rothen Koralle, als der Meerhand zu. Außerdem ist die Gestalt und Vertheilung der Fühlfaden von den Fühlfaden der Seehand himmelweit unterschieden.

Mich wundert auch sehr, daß Hr. Schäffer bloß aus der Geschichte der Seehand, welche Marsigli gegeben, seine Zeichnung mit natürlichen Farben, wie er selbst sagt, erleuchtet hat; da er doch die Farbe daraus gar nicht hat bestimmen können. Denn wenn jemand einen Körper roth nennet, so sehe ich noch gar nicht ein, von was für einer rothen Farbe er eigentlich sey; da es so unendlich viel Verschiedenheiten und Abwechselungen derselben giebt, welche man gar nicht mit Worten ausdrücken kann. Wie aber Hr. Schäffer nach den Worten des Marsigli dieses Pflanzenthier abgemalt habe, kann man daraus sehen: daß er den Stamm desselben auch mit rother Farbe gemalt hat, welcher doch von Natur niemals roth ist, seine Aeste mögen gefärbt seyn, wie sie wollen.

§. 7.

Nachdem ich nun einige Gattungen der Seefedern, und ihren Bau beschrieben habe, so folget jetzt, nach meinem Versprechen, meine Meynung, von ihrer Art sich zu nähren und zu gebähren. Von dem ersten behaupte ich muthmaßungs-

an andern Körpern anwächst, und auch in Ansehung des Bestandwesens, da der Stamm ganz aus Röhren besteht, sich von den übrigen Seefedern unterscheidet; so sieht man, daß Hr. Pallas und Linné dieselbe mit Recht von diesem Geschlecht getrennt, und zum Seekork, Alcyonium, gerechnet haben.

*) Siehe Dessen Blumenpolypen, Regensp. 1755. 4. welche sich auch in seiner Abhandlung von Insekten, 1. B. n, 6. finden. Hr. Pallas sagt: Hr. Schäffer verdiene diesen Vorwurf mit Recht, indem die Farben sehr unschicklich ausgedrückt wären.

maßungsweise, daß unser Pflanzenthier seine Nahrung vermittelst der Fühlfäden zu sich nehme. Denn an den erstern beyden Gattungen derselben konnte man keine andre Spur des Mundes entdecken. An der dritten und vierten Gattung aber ist kein besonderer Mund vorhanden, wie ihre Abbildung deutlich zeigt. Da sich dieses so verhält, so ist kein anderer Weg, als die Fühlfäden übrig, wodurch die beschriebenen Pflanzenthiere ihre Speise verschlucken könnten.*) Es ist aber nun, wiewohl sehr schwer, zu bestimmen, ob ein jeder Fühlfaden die Verrichtung des Mundes habe, oder ob alle Fühlfaden eben so viel verschiedene Polypen sind?

Wenn ich denen folgen wollte, die allenthalben Polypen zu finden glauben, so würde ich mich nicht lange entschließen, die letzte Meynung anzunehmen: und sodann wäre auch leicht der Ort zu bestimmen, an welchem die Seefeder nach einigen Systemen müßte gestellt werden. Denn so könnte sie nach dem Linne entweder vor den Armpolypen (Hydra,) stehen, oder gleich nach denselben**) folgen. Nach dem Vitaliano Donati ***) aber würde sie zu der Abtheilung, wo er die Polypen gebährenden Körper, die fleischigt, und mit einem Stiel versehen sind, (polypara carnosae substantiae pedunculo instructa) abhandelt, nicht übel gerechnet. Und da die vollständige Geschichte des adriatischen Meeres von diesem Verfasser jetzt noch nicht herausgekommen ist, so glaube ich, daß er selbst die Seefeder, wenigstens meine vierte Gattung derselben, oder die See-hand, eben dahin stellen werde. Es sey mir aber erlaubt, von dieser Meynung

D 3 abzu-

---

*) Wahrscheinlicher Weise nähren sich diese Thiere auf die Art, wie die Federbusch- und Armpolypen, wovon Rösels Insektenbelust. 3. Seit. 456. u. f. Taf. 74. Fig. 11. u. f. nachzusehen ist; und alsdenn ist die Meynung unsers Verfassers wahr, daß der Ort zwischen den 5 Faden eines jeglichen Polypen, (oder Fühlfäden unsers Verf.) der Mund zu nennen sey. Die Arme oder Faden dienen ihnen alsdenn, die Speise an sich zu ziehen. Dieses wird auch aus der vergrößerten Figur, die Marsigli giebt, wahrscheinlich.

**) Das letztere hat Linne in seiner zwölften Edition gethan.

***) Siehe Della Storia naturale marina dell' Adriatico, Saggio del *Vitaliano Donati*, in Venez. MDCCL. 4. pag. 43. Die vollkommene Geschichte, die Donati versprochen hat, und wovon unser Verfasser Erwähnung thut, ist meines Wissens noch nicht herausgekommen.

abzugehen und zu behaupten, daß die Fühlfaden der Seefeder nicht besondere Polypen, sondern eben so viel Mund-Oefnungen eines Thieres seyn.

Diese wichtige und schwere Untersuchung unternehme ich vorzüglich deswegen, damit andere Naturforscher diese Streitfrage genauer und bestimmter unterscheiden mögen. Zuerst aber will ich die Gründe, warum ich diese Frage aufgeworfen habe, anzeigen.

Alles was wir noch von den Pflanzenthieren, vorzüglich von der Natur der Polypengebährenden bis jetzt wissen, ist so zweifelhaft und zweydeutig, daß noch nicht gewiß ist, ob dieselben Pflanzen oder Thiere, oder gar ein Mittelding von beyden sind?[*] Ob sie ein Thier sind, oder aber ob mehrere Thiere einen Körper zusammen ausmachen?[**]) Endlich ob mehrere Thiere von hölzernen, hornartigen oder knöchernen Bestandtheilen zufälligerweise in dergleichen Körper, wie die Korallen sind, gekommen, oder aber ob sie auch dieselben selbst gebauet haben.[***])

Wem die Geschichte der Korallen von des Plinius Zeiten bis auf unsere bekannt ist, der wird von der Wahrheit meiner Behauptungen leicht überzeugt seyn. Es wäre daher überflüßig die alten Schriftsteller anzuführen. Damit aber auch diejenigen, welche in dieser Sache wenig bewandert sind, meinen Worten gewisser trauen mögen, so will ich zweer berühmten Männer Schriften anführen, welche ganz neuerlich in dieser Materie gearbeitet haben. Einer davon ist Donati, welcher die Geschichte der rothen Koralle aus eigenen Erfahrungen beschreibt und dabey folgendes sagt:[****]) Man sieht hier sowohl das Wachsthum der

                 Pflan-

---

[*] Wenn es gewiß ist, daß das eigentliche und wesentliche Kennzeichen der Thiere die Empfindung und freywillige Bewegung ist, wie man daran nicht zweifeln kann; und wenn durch die Beobachtungen eines Ellis, Trembleys, Pallas, Basters, und anderer mehr, diese Eigenschaften an den Pflanzthieren entdeckt worden sind, wie man in ihren Schriften lesen kann: so ist auch nicht mehr zu zweifeln, daß es wirkliche Thiere sind, ob sie gleich sich, durch einige andere Eigenschaften, denen Pflanzen nähern.

[**]) Dieses soll weiter unten näher bestimmt werden.

[***]) Das erstere ist ganz unwahrscheinlich, denn woher käme denn der organische Bau der Korallen; das letztere ist noch ungewiß, vielleicht kann man es von den sogenannten Lithophyten annehmen.

[****]) Siehe Della Storia naturale marina dell' Adriatico Saggio del S. D. *Vitaliano Dona-*

Pflanze, als auch die Erzeugung des Thieres, und man kann daher urtheilen, ob die Koralle zu dem einen oder dem andern Reiche gehöre, oder
ob es vielmehr ein Mittelding zwischen beyden sey.

Der andere, welcher vorzüglich behauptet, daß es noch nicht gewiß sey, ob
ähnliche Pflanzenthiere ein einziges Thier, oder ob mehrere Thiere einen Körper
ausmachten, ist Herr Ellis. Dieser sagt, indem er ein neues Zoophyton unter
den Namen der Hydra des arctischen Meeres mit vielen Körpern, deren
jeder acht Fühlfaden hat, und welche, an der Grundfläche mit einander
verbunden, auf einen langen knöchernen Stiele ruhen, beschreibt: Ihr
oberer Theil besteht aus drey und zwanzig Körpern von Polypen, welche
mit ihren Schwänzen an einer gemeinschaftlichen Grundfläche mit einander auf so eine Art verbunden sind, daß sie ein einziges Thier ausmachen.*) Aus diesen Worten kann man schlüßen, daß dieser berühmte Mann
seine

Donati, Venet. 1750. 4 pag. 52. Voi, qui redete vegetazione di pianta, e pro-
pagazione d'animale. Ora giudicate, se il Corallo all'uno piuttosto che all'altro
regno debba appartenere, o se più ragionevolmente un luogo medio fe gli
convenga.

*) Siehe An Essay towards a natural History of the Corallines &c. by John Ellis,
London, 1755. 4 p. 96. Plat. 37. oder Joh. Ellis Versuch einer Naturgeschichte
der Korallenarten, übersetzt von D. Joh. George Krünitz, Nürnb. 1767. 4.
Seit. 103. Das Thier, wovon Ellis redet, ist nach dem Linne, Vorticella En-
crinus, Syst. Nat. Tom. II. p. 1317. Seelilie, Müllers Erklär. des Linne'ischen
Syst. VI. Th. 2. B. Seit. 866. Es würde zu weitläuftig, und dem Zwecke dieser
Anmerkungen zuwider seyn, wenn wir alle höchst verschiedenen Meynungen, die von
den Korallen und hieher gehörigen Pflanzthieren, sind hervorgebracht worden, anführen wollten. Nur einige der wichtigsten Meynungen finden hier Platz. Marsigli hat
an ihnen das für Blumen der Pflanzen gehalten, was wirkliche Thiere waren. Nach
ihm hat Hr. Vaster lange Zeit gestritten, und ihre thierische Natur geläugnet; nachdem
aber Hr. Ellis seine Einwürfe beantwortet, und er selbst neue Versuche gemacht hatte,
so behauptet er, daß das Aeussere an den Pflanzthieren, Gewächsartig, daß es Wur-
zeln schlage und Augen treibe; das innere Mark aber thierischer Natur sey: siehe
hiervon die philosoph. Transakt. 52. B. S. 108. u. f. oder Ellis Naturgeschichte der
Korallen, durch Krünitz, im Anhang. S. 160. u. f. Hr. Pallas nimmt die
Mey-

feine Hydra oder die Seelilie unter einer doppelten und daher zweifelhaften
Gestalt vorgetragen habe; nämlich wie ein einfaches Thier, und auch wie mehrere Thiere, welche auf einem andern Thiere sißen und ein Thier ausmachen:
welches aber zugleich nicht statt finden kann. *) Nunmehro aber will ich zeigen,
aus was für Gründen ich muthmaße, daß die polypenförmigen Fühlfaden an den
Gattungen der Seefeder nicht verschiedene Thiere, sondern eben so viel Mündungen eines Thieres sind.

Es scheint widernatürlich zu seyn, daß mehrere Thiere ein gemeinschaftliches
Leben

Meynung des Hrn. Ellis mit einigen Einschränkungen an, und Linné glaubt ganz
gewiß, daß diese Körper Thiere, und zwar zusammen gesetzte Thiere sind. Hr. Guettard (siehe Dessen Mémoires fur differ. parties des Sciences et des Arts, T. II. p.
28. seq.) hat eine von der gemeinen, etwas abweichende Meynung; Er glaubt nämlich, daß die Pflanzthiere oder Korallen, zum Theil aus einem häutigen, theils aus
einem kalkartig steinigen Wesen bestehen, daß man lezteres mit den Knochen der
Thiere, und das häutige mit den Gefäßen derselben vergleichen können. Wenn nun
ein Polyp, welcher gleichsam die Mutter der künftigen Familie, die einen zusammen
gesetzten Polypen ausmacht, aus seinem Ey hervorgehet, so wird die steinerne Röhre
mit dem Wachsthum seines Körpers zugleich zunehmen, und nach und nach werden
von ihm neue Polypen gezeigt, die sich an ihm ansetzen und zusammenhängen. Die
Härte der Koralle entstehet nur nach und nach. Es unterscheidet sich also Hrn.
Guettards Meynung darinnen von den Meynungen der übrigen Naturforscher,
daß er das Steinartige mit für einen Theil des Thiers hält, fast so, wie unser Verf.
nur glaubt, daß mehrere Thiere beysammenhängen. Die Meynungen der meisten
Naturforscher finden sich gesammlet in der Erklärung des Linné'schen Naturssyst.
von Hrn. Müllern, VI. Band, 1 Th. Einleit. Hr. Müller ist aber selbst nicht
dieser Meynung zugethan, sondern er glaubt, daß alle entdeckte Theilchen an den Korallen nichts als organisirte Körperchen der Vegetation sind, welche in allen Kräutern
und Gewächsen vorhanden seyn müssen. Siehe den a. O. und auch dessen Pro-
gramma: Dubia coralliorum origini animali opposita, 1770. davon ein Aus-
zug in dem 4ten Bande der Brittischen Sammlungen, S. 17. u. f. gefunden
wird.

*) Vielleicht kann dieses so erkläret werden: so lange die acht Körper an einem Stiele
mit einander verbunden sind, so kann man sie als Theile eines Thiers betrachten;
werden sie aber von dem Stiele getrennt, so ist jeder Polyp ein besonderes Thier.

Leben genüßen, oder, daß viel Thiere zugleich ein Thier ausmachen.[*]) Dieses aber würde nothwendig folgen, wenn die Fühlfaden der Seefedern eben so viel einzelne Polypen wären. Denn, wie ich in der ersten Gattung dieses Pflanzen= thiers habe bemerken können, so sind der Stamm und die Floßfedern mit einer eigenen Bewegung und Empfindung begabt, daher sind diese entweder ein beson= deres Thier oder wenigstens Theile eines Thieres. Da nun die Fühlfaden mit den Floßfedern vereiniget sind, so würden, wenn die Fühlfaden eben so viel Poly= pen wären, mehrere Thiere einen Körper und ein Thier ausmachen, weil sie ein gemeinschaftliches Leben genüßen. Ich habe aber auf folgende Art gesehen, daß die Fühlfaden, Floßfedern und der Stamm unserer Seefeder ein und eben dasselb= be Leben führen. Als ich den Stamm oder die Floßfeder der im Meerwasser aufbehaltenen lebendigen Seefeder mit einem spitzigen Griffel berührte, so zogen sich alle Fühlfaden in die Floßfeder zurück; und als ich einen und den andern Fühlfaden berührte, so verbargen sich alle plötzlich. Dieses wäre gewiß nicht geschehen, wenn eben so viel unterschiedene einzelne Polypen auf den Floßfedern aufsäßen. Denn wenn z. B. der Polype A. auf der ersten Floßfeder der einen Seite der Seefeder berührt würde, so könnte er doch nicht seine üble Empfin= dung dem Polypen B. in der letzten Floßfeder auf der andern Seite der See= feder mittheilen; vielweniger könnten auch alle Polypen, welche auf den Floß= federn zerstreut sind, ein und eben dieselbe Empfindung mit dem Stamme und Floßfedern haben, wenn diese Theile besondere Thiere wären.

Wenn es also dem Gesetze der Natur widerspricht, daß die Seefeder aus vie=

---

[*]) Was unserm nicht weitsehenden Verstande widernatürlich zu seyn scheint, ist es des= wegen nicht allezeit. Daß in der Natur wirklich mehrere Thiere einen Körper ha= ben, und ein gemeinschaftliches Leben führen, beweisen die Armpolypen, denen nie= mand absprechen kann, daß die Alten mit ihren Jungen eine Zeitlang zusammenhän= gen, daß sich die Jungen hernach von selbst trennen, und ein eigenes Leben führen; schon aber damals, als sie noch mit den Alten verbunden waren, lebten. Ferner zeigen es die Naiden, wo Mutter mit ihren Kindern bis ins sechste Glied zusam= menhängen, und einige Zeit durch einen Kanal genährt werden. Siehe hiervon Ot= to Friede. Müller von Würmern des süßen und salzigen Wassers. Kopenh. 1771. 4. und Dessen Historiam Vermium, Hafn. 1774. 4. Parte II.

P

vielen Thieren zusammengesetzt ist: so folgt, daß sie ein einfaches Thier sey, und daß die vielen Fühlfaden Theile desselben, nämlich Oefnungen des Mundes des Thieres sind, wodurch es seine Speise zu sich nehmen kann. Es ist der Vernunft am angemessensten, daß alle Polyppen des süssen Wassers ein einfaches Thier aus machen. Herr Ellis selbst behauptet, daß die Seelilie ein einziges Thier sey: ich sehe also nicht ein, warum ich zweifeln sollte, daß die Seefeder ein einfaches Thier sey. Doch hierinnen kann ich nicht mit dem Hrn. Ellis übereinstimmen, daß die Seelilie aus drey und zwanzig Polyppen zusammengesetzt sey, sondern ich vermuthe, daß dieses Pflanzenthier eben so viel Fühlfaden habe, welche des Mundes Stelle vertreten, nicht anders, als wie in der Seefeder.

Aber wenn mich jemand fragen sollte, warum ein einziges Thier einen so vielfachen Mund nöthig habe? so sage ich, die Nahrung, Struktur und Lage dieser Thiere verlange es so. Denn sie nähren sich ohne Zweifel von denen ganz kleinen Insekten, welche in dem großen Weltmeere herumstreifen; einige, wie die letzte Gattung der Seefeder oder der Federkork, und die Seelilie, verwechseln niemals ihren Ort, sondern sitzen beständig auf andern Körpern fest; und andere, wie die beyden erstern Gattungen der Seefeder, streichen sehr langsam in dem Meere herum. Damit daher alle diese Thiere hinlängliche Nahrung hätten und ihnen keine Speise entgehen möchte, so haben die ersten überall Münder erhalten; bey diesen letztern aber stehen die Oefnungen des Mundes nur in doppelter Reihe, weil sie, indem sie den Ort einigermaßen verändern, selbst ihre Beute suchen können. Es darf uns auch dieses nicht wunderbar scheinen, daß die Oefnungen des Mundes an diesem einfachen Thiere so zahlreich da sind; weil wir eben dieses an andern Theilen bey einigen Thieren bemerken. Denn so hat die Spinne acht Augen, da die übrigen Thiere nur zwey haben.*) So haben die Asseln (Scolopendra,) siebenzig, hundert, ja noch mehr Füße, da hingegen andere Thiere auf zweyen, andere auf vieren und einige auf mehreren Füßen einhergehen. So sind

ends

---

*) Ausser den Spinnen haben noch viel andere Insekten, z. E. die Wasserjungfern, (Libellulae,) Schmetterlinge, Birnwarten, rc. nebst denen vielfach zusammen gesetzten Augen, gewisse Nebenaugen. Von den Spinnen sehe man die vollkommene Naturgeschichte, die Klerk gegeben hat, unter dem Titel: Caroli Clerk Aranei sueeici figuris et descriptionibus illustrati, Stockh. 1757. 4. die verschiedene Lage der Augen, in den einzelnen Arten auch in den Kupfern abgebildet.

endlich die Raupen mit mehreren Luftröhren versehen, da bey den übrigen Thieren die Luft nur durch einen Weg in die Lugen treten und wieder herausgehen
kann. *)

Vielleicht sind also die Lithophyten und Korallen gleichfalls einfache
Thiere, welche mit so vielen Oefnungen des Mundes versehen sind. Ihre feste
Lage und ihre gemeinschaftliche Empfindung, welche Donati, indem er die
rothe Koralle unter dem Wasser berührte, bemerkt hat, weil, wie er selbst sagt,
die Polypen desselben sich plötzlich verbargen, wie ich von den Fühlfaden der
Seefeder gesagt habe, sind wichtige, wo nicht ganz gewisse Anzeigen, daß die
vor erwähnten Seekörper mit der Seefeder sehr genau verbunden sind. Folglich
sind es Thiere und keine Pflanzen, einfache Thiere und nicht aus mehreren zusammengesetzte, endlich sind ihre Fühlfaden nicht Polypen, welche zu der innern harten Substanz zufälliger Weise hinzukommen, sondern Theile des ganzen Thieres.

Aber einige werden einwenden, wenn die Lithophyten und Korallen einfache
Thiere sind, wie kann z. B. ein abgerissener Ast der rothen Koralle und alle
Fühlfaden derselben das Leben behalten? Wie doch aus den Bemerkungen des
Herrn Donati und anderer bekannt ist. Hierauf antworte ich: auf eben die
Art und durch dieselbe Kraft, vermöge welcher der Regenwurm (Lumbricus
terrestris,) welchen jedermann für ein einziges Thier erkennt, in zwey oder drey
Theile getheilt, in jedem Theile doch lebt, und einen besondern Regenwurm aus-
macht: Die Beschaffenheit dieser Kraft aber, ist mir, so wie allen andern verbor-
gen und bleibt vielleicht ewig verborgen. **) Außerdem werden andre sagen,

P 2   scheint

*) Die Luftröhren der Raupe hat ohnstreitig Lyonet am besten, und so kunstreich vorge-
stellt und abgezeichnet, daß ihm wohl darinnen so leicht niemand gleichkommen wird;
siehe Dessen Traité anatomique de la Chenille, qui ronge le bois de saule, à la
Haye, 1762. 4. In Swammerdams Bibel der Natur sind auch die Luftröhren,
besonders von dem Safte, gut abgebildet. De Geer giebt auch eine Zeichnung derselben, in seinen Mémoires des Insectes, Tab. I. oder in den Abhandlungen von In-
secten, übers. durch Hrn. Göze, 1. Quart. Taf. 1. Von dem Athemholen der
Raupen lese man Bonnets und De Geers Beobachtungen, die Hr. Göze übersetzt, und in Halle 1774. 8. herausgegeben hat.

**) Wiewohl durch die künstliche Zertheilung der Regenwürmer gleichsam verachtet wird;
so

scheint es wider die Gewohnheit der Natur zu seyn, daß die Theile eines Thieres jährlich vermehret werden; wie mit den Mündungen der Seefeder und der Lithophyten geschehen müßte, wenn ihre Fühlfaden nicht eben so viel besondere Polypen wären. Allein, so wie aus einem Theile eines Thieres ein ganzes Thier entstehen kann, wie dieses die Armpolypen deutlich lehren: so können auch einzelne Theile einem ganzen Thiere wieder anwachsen.*)

Es streitet auch nicht wider meine Meynung, daß in den größern Korallen an der Grundfläche die Rinde und die Fühlfaden mangeln. Denn es ist wahrscheinlich, daß eben dieses in der Seefeder geschehe, weil nahe an dem bloßen Stamme einige Floßfedern und Fühlfaden fehlen; einige aber glaube ich, vergehen nach und nach, und wie ich muthmaße, geschiehet es auf folgende Art: Wenn die Seefeder sich durch ihre Fühlfaden Nahrung verschaft, so muß sie nothwendig vergrößert werden, indem sich die Theile vermehren, durch welche sie für den ganzen Körper Nahrung bekömmt. Diese aber können an den bloßen Stamm nicht anwachsen; denn man sieht daß bey der unbeweglichen Seefeder, (dem Federkorke,) und andern Pflanzenthieren, welche an einen Ort angewachsen sind, ihre Grundfläche verhindert, daß der Stamm nicht wachsen kann. Daher ist es nöthig, daß an dem Ende des mit Floßfedern besetzten Stammes, wenn der Körper zunehmen soll, ein oder mehrere Paar, mit Fühlfaden versehene Floßfedern anwachsen. Und damit allezeit ein gewisses Verhältniß zwischen dem mit Floßfedern besetzten und bloßen Stamme bleibe, so gehen andere Floßfedern, welche nahe an dem bloßen Stamme liegen, nach und nach weg, fallen ab, und der bloße Stamm wird auch vergrößert; fast auf eben dieselbe Art, wie wir an

den

so sind doch die Korallen und Polypen darinnen unterschieden, welches man bey einem einfachen Thiere nicht bemerkt, daß sie sich von Natur selbst trennen. Auch findet es sich, daß nicht jeder Theil bey dem Regenwurm gleich leichter wieder ersetzt wird, sehr schwer wächst der vordere Theil wieder an. Erfahrungen und Versuche mit denen Thieren, welche ihre verlohrnen Theile wieder ersetzen können, findet man in Spallanzani Abhandlungen; Bonnets Betrachtung über die Natur; Schäffers Versuche mit Schnecken; Otto Friedr. Müllers von Würmern des süßen und salzigen Wassers, und Dessen Historia Vermium.

*) Also nimmt der Verfasser an, daß die Theile, die aus dem Armpolypen hervorwachsen, besondere Thiere sind, welches er doch oben Seite 114. läugnete.

den Palmen und andern dergleichen Bäumen, den Stamm derselben jährlich zu nehmen sehen, indem einige der untern Blätter von ihnen abfallen.

Jedoch man bilde sich nicht ein, daß die Seefeder deswegen eine Pflanze sey, weil ich sage, daß sie wie einige Pflanzen wachse, oder sonst müßte man den Menschen selbst für eine Pflanze halten. Denn seine Haare fallen täglich wie Blätter herab, die Haut gehet wie Schuppen ab und wird wieder erzeugt, und endlich stellen die Gefäße desselben vortrefliche Bäumgen ohne Blätter vor. Durch die bloße Empfindung sind die Thiere nach aller Weltweisen Meynung von den Pflanzen unterschieden: Da aber diese in der Seefeder und den Korallen und andern dergleichen Seekörpern von den aufmerksamsten Naturforschern ist beobachtet worden; warum sollte man nicht alle diese Körper für wahre Thiere halten, und gänzlich von den Pflanzen absondern, ob sie gleich in einigen andern Eigenschaften mit diesen übereinstimmen.

Man wird also hoffentlich nicht zweifeln, daß die Seefeder ein wahres und einfaches Thier sey. Ich will daher nur noch einige Beweise anführen, um meine Meynung von dergleichen Natur der Lithophyten und Korallen völlig zu bestätigen. Zuerst will ich beweisen, daß gleich erwähnte Körper in Absicht auf ihre ganze Gestalt wahre Thiere sind; hernach, daß ihre Fühlfaden nicht eben so viel besondere Polypen, sondern Theile eines einfachen Thieres sind.

In Ansehung des erstern will ich hier nicht erwähnen, ob es gleich ein wichtiger Beweis ist, daß Marsigli und Geoffroy,*) durch die chymische Untersuchung ein flüchtiges urinöses Salz aus ähnlichen Körpern, vorzüglich aber aus der rothen Koralle herausgezogen, und folglich, ohne ihr Wissen, ihre thierische Natur gezeigt haben, indem sie fest glaubten, die Korallen gehören zu den Pflanzen. Ist aber das hornartige Wesen der Lithophyten und das knöcherne der Korallen eine Pflanze, auf was für eine Art wächst sie denn bisweilen zu einer beträchtlichen Größe auf, und wie wird ihre Gattung fortgepflanzt, wenn sie, wie jedermann behauptet, mit einer thierischen Haut überzogen ist. Sie muß nothwendig durch die ganze Oberfläche genährt werden, da sie durch die Wurzel, oder Grundfläche, keine Nahrung bekommen kann. Aber die Art sich so

P 3　　　　zu

*) Der erstere in seiner schon angeführten Histoire physique de la Mer, und der letztere in den Schriften der Königl. Akademie zu Paris, im 3ten Th. S. 346.

zu nähren läßt die thierische Haut nicht zu und verhindert auch, daß die innere Substanz, oder, wie andere wollen, die Pflanze genähret werde. Sollte aber jemand glauben, daß diese Pflanze erst alsdenn mit einer thierischen Haut überzogen würde, wenn sie schon eine gewisse Größe erlangt hätte, der irrte sehr. Denn der erste und kleinste Keim ist schon mit einer ähnlichen thierischen Haut überzogen; auf was für Art wird also dieser Keim vergrößert?

Die Botaniker haben zwar bey den Lithophyten und Korallen folgende Art der Erzeugung angenommen; nämlich, der Saame ist in Kapseln, welche fast auf der ganzen Oberfläche dieser Körper liegen, enthalten, fällt, wenn er reif ist, aus denselben, auf irgend einen Körper, und daselbst entsteht mit der Zeit eine neue Pflanze von derselben Art. Allein diese Kapseln liegen ja in der thierischen Haut, und sind folglich von den Thieren selbst, mit der Sprache der Polypen-Liebhaber zu reden, gebildet. *)

Gesetzt aber auch, daß die benannten Zellen wahre Saamen-Kapseln wären, so bleibt doch die Erzeugung der innerhalb der Rinde liegenden Pflanze unmöglich. Dieses beweise ich auf folgende Art: Sowohl die Vertheidiger der Polypen, als auch diejenigen, welche die innere Substanz der Lithophyten und Korallen für eine Pflanze halten und es auch noch bis jetzt behaupten, gestehen einmüthig, daß in jedweder Saamen-Kapsel ein Polype gleichsam in seiner Zelle nistet. Da nun dieses von allen zugegeben wird, folgt nicht nothwendig hieraus, daß entweder der Saame, welcher in der Kapsel enthalten ist, von dem Polypen vernichtet werde, oder daß er, wenn er aus der Kapsel heraus fällt, den Polypen aus seinem Orte forttreibe. **) Nun wird der Polype, nach aller Bemerkung, zu jeder Zeit in seiner Zelle gefunden; folglich ist es nothwendig, daß der Saame verdorben werde, und auf diese Art ist die Erzeugung der angenommenen Pflanze unmöglich. Diese Beweise scheinen also hinreichend darzuthun, daß die Lithophyten und Korallen in Ansehung ihrer ganzen Substanz Thiere

und

---

*) Wie können daher diese Theile Fruktifikationstheile, und zugleich Behältnisse der Polypen seyn.

**) Dieses folgt nicht aus der Meynung des Linné und Basters, welche der Verfasser hier zu bestreiten scheint. Denn diese behaupten, daß der Saame von den Polypen erzeugt würde, und gleichsam das Ey derselben sey, nur daß er die Eigenschaft hätte, daß die Rinde gewächsartig, das Mark aber thierischer Natur sey.

und keine Pflanzen sind. Daß aber ihre Fühlfaden nicht besondere Polypen sind, sondern Theile eines Thieres, will ich gleich kürzlich beweisen, indem ich den Vertheidiger der Polypen drey Fragen vorlege.

Wenn die Fühlfaden, welche überall in den Lithophyten und Korallen sichtbar sind, nur herumschweifende und in die innere Substanz vorerwähnter Körper von ohngefähr gekommene Polypen sind, warum findet man sie niemals auf Schnecken, Muscheln, Steinen und andern dergleichen ungleichartigen Körpern ohne hornartiger und knöcherner Substanz?*) Warum umkleiden sie gleich den geringsten Theil der hornartigen Substanz der Lithophyten und der knöchernen bey den Korallen? In der That, wenn sie außer der Rinde und den Zellen nichts bauen, so können sie dieselben eben so gut über einen Stein, als über die Lithophyten oder Korallen bauen.**) Endlich auf was für eine Art erfahren diese Polypen: daß z. B. in den Ort A. die edle, in B. die rothe Koralle hervorkeime, so, daß sich die jeder Koralle eigenen Polypen sogleich dahin begeben, um die eine oder die andere mit einer Rinde zu überziehen?***)

Aber ich möchte zu weitläuftig werden, wenn ich noch mehrere Erscheinungen zur Bekräftigung meiner Meynung anführen wollte; ich will daher nur noch muthmaßungsweise erzählen, wie die Seefedern erzeuget werden.

Im dritten §pho erwähnte ich, daß in dem Innern des Stammes und der Floßfedern zwischen der lederartigen und dünnern Haut, welche die innere Wand des Stamms,†) und der Floßfedern ausmacht, unzählliche runde gelbe Körnergen in einem klebrichten Safte schwimmen. Ich zweifle daher gar nicht, daß diese eben so viel Eyer des Thieres sind, und ich muthmaße, daß die Seefeder auf eben diese Art ihre Gattung fortpflanze, als wie es Donati an der rothen Koralle ††) bemerkt hat. Nämlich daß zu seiner Zeit ein oder das andere Eygen aus den Fühlfaden herausfalle, aus welchen endlich eine neue Seefeder erzeugt wird.

---

*) Diese Meynung nimmt heut zu Tage schwerlich jemand an.

**) Dieses geschiehet sehr oft, besonders von den Lithophyten, welche ganze Steine umziehen, wie man an den Madreporen und andern zeigen kann.

***) Die Ursache ist, weil die Korallen Theile der Polypen sind.

†) Im Original stehe thoracis; es muß aber ohnstreitig trunci heißen, da nichts von einer Brust gedacht werden.

††) In dem oben angeführten Saggio dell' Historia naturale dell' Adriatico, pag. LI.

wird. Dieser Ausgang des Enges kann deswegen niemanden unschicklich dazu scheinen, weil ich gesagt habe, daß der Mund der Seefeder zwischen den Fühlfaden liege. Denn es mögen nun die Fühlfaden an den Korallen Polypen, oder Oefnungen des Mundes, wie an der Seefeder seyn, so wird doch der Ausgang der Eyer immer durch den Mund des Thieres geschehen. Wenn also von Hrn. Donati bewiesen ist, daß bey der rothen Koralle die Erzeugung auf diese Art vollzogen werde, so sehe ich nicht, warum es bey der Seefeder nicht erfolgen sollte, vorzüglich da wir bemerken, daß auch in größern Thieren zween Körper durch einen Weg ausgeleert werden. Denn so wie sich in diesen besondere Wege für einen jeden auszuführenden Körper in einen allgemeinen Ausgang öfnen; so lehren uns auch die Polypen des süssen Wassers, daß an der Seefeder, und andern ähnlichen Thieren, ein einziger Kanal in den Fühlfaden genung sey, die Speise zu nehmen, den Unrath auszuleeren und die Eyer abzulegen.

Ehe ich diesen Abschnitt endige, muß ich mich wundern, daß Janus Plancus *) die Seefeder zu den Seescheiden **) und Holothurien gerechnet hat. Denn aus dem folgenden Abschnitt wird der Unterschied zwischen ihnen deutlich erscheinen.

Siebenter Abschnitt.
Von den Seescheiden.†)

§. 1.

Ich war lange zweifelhaft, ob ich die nun zu beschreibenden Thiere zu den Seeblasen, Holothurium oder Seescheiden rechnen sollte, da die Beschreibungen der Schriftsteller sehr unvollkommen sind.

Von

*) Siehe Dessen angeführtes Buch de Conchis minus notis, auch die Acta Senensia II. pag. 222.

**) Tethyum unsers Verfassers, Ascidia des Linne.

†) Der Verfasser nennt dieses Thiergeschlecht Tethyum. Linne rechnet die hier beschriebenen Thiere zu seiner Ascidia, welches Müller durch Seescheide ganz passlich übersetzt hat.

Von dem Holothurium schweigen fast alle Neuern, außer Janus Plan-
cus und Linné. Plancus nennt das Holothurium nach der Meynung der
Alten einen callösen und lederartigen Körper, welcher nicht an den Stei-
nen ansitzt,[*] Linné aber ordnet es unter die Tethys, als eine Gattung.[**]
Die Aelteren, wie Rondeletius [***] und Aldrovand, haben etwas von diesen
Würmern aufgezeichnet, aber so dunkel, daß man sie kaum verstehen kann.
Die

[*] Siehe Dessen de Conch. minus not. pag. 45.

[**] Nämlich in der sechsten Edition seines Natursystems, Seit. 72. Schon in der zehnten Edition aber hat er aus jedem ein besonderes Geschlecht gemacht, und dieses auch
in der zwölften Edition beybehalten. Er versteht unter dem Holothurium, Thiere,
deren Körper frey, bloß und erhaben, und deren After am Ende desselben ist; an dessen andern Ende sich aber mehrere Fühlfaden befinden, zwischen denen der Mund
liegt. S. N. 11. p. 1089. Müller L. N. S. VI. B. 1. Th. S. 94. Zu diesem
Geschlecht gehört, wie oben angezeigt worden, die Zitterblase, 4tes Haupst. S. 67.
Die Tethys des Linné begreift aber die Seehasen, wozu das im zweyten Haupst.
von unserm Verf. beschriebene Aerbenmaul gehört: deren Kennzeichen sind ein
freyer, länglicher, fleischiger Körper, der ohne Füsse ist. Der Mund ist am Ende,
in einem walzenförmigen Rüssel, unter einer ausgebreiteten Lefze, und an der linken
Seite des Halses sind zwey Oefnungen; siehe Linn. S. N. l. c. Müller am a. O.
S. 91. Vergleicht man diese Kennzeichen mit denen Eigenschaften, welche die in
diesem Abschnitt zu beschreibenden Thiere besitzen, so sieht man wohl, daß sie zu keinem dieser Thiergeschlechter des Linné gehören, sondern zu dessen Ascidia.

[***] S. Dessen Histor. Aquat. P. II. p. 124. Lib. de Insectis & Zoophytis, Cap. XVIII.
Aus dem Rondeletius sieht man, daß schon Aristoteles der Holothurien im
1sten Buch de Histor. Anim. Cap. 1. und auch der Tethyen im 4ten B. 6ten Cap.
de Hist. Anim. gedacht habe. Dieser nennt Holothurien diejenigen, welche von
Steinen frey sind, sich aber doch nicht bewegen können; wie er die Tethyen beschreibt,
wird in den folgenden Anmerkungen gezeigt werden. Von den Holothuriis redet Plinius im 9ten Buch Cap. 47. weiter nichts, als daß sie die Natur der
Sträucher hätten. Rondeletius selbst führet zwey Arten der Holothurien an;
welche, besonders die erste, ohnstreitig die Holothuria frondosa des Linné, oder der
Seebeutel des Hrn. Gunner (in der Abhandl. der Königl. Schwed. Akad. 1767.
29ter B. Lpz. 1770. S. 124.) sind. Aus dem Rondeletius haben Gesner,
(S. Dessen Histor. Aquatil. Tom. IV. pag. 517. u. 518. (nur sucht dieser in einer

Ω   An-

Die Beschreibung des Tethyi, welche wir beym Aristoteles *) und beym Rondeletius, **) Aldrovand, ***) Jonston, ****) und andern, welche diesen gefolgt sind,

Anmerkung, die Verwirrung der Namen etwas aus einander zu setzen,) Aldrovand (de Animal. exsangu. p. 580.) und Johnston (de exsangu. Aquatil. p. 74.) Beschreibungen und Kupfer genommen, ohne mehrere deutliche Kennzeichen anzugeben.

*) Siehe Dessen Histor. Anim. Lib. 4. Cap. 6. Die Tethyen sind an den Steinen angewachsen, und ihr Körper ist mit einer Haut bedeckt, die ein Mittelding ist, zwischen dem Leder und den Schneckenschalen. Sie haben zwey sehr kleine Oeffnungen, so daß man sie kaum sehen kann, hierdurch saugen sie Feuchtigkeit in sich, und sprützen sie auch wieder aus. Wenn man ihnen die äussere lederartige Haut abgenommen hat, so sieht man eine schmigte, Hr. Gunner sagt, nervenvolle Haut, die den Körper umgiebt, und das ganze Fleisch in sich hält. Diese Haut hängt mit der äussern an beyden Seiten an, und am festesten an den Mündungen, deren eine der Mund, die andere der After zu seyn scheint; die eine ist stärker, die andere kleiner; beyde innerlich hohl, und laufen mit einander zusammen. Plinius erwähnt der Tethyen auch in dem 32. Buch, (nicht dem 9ten Buch, wie beym Rondelet, stehet,) Kap. 9. sagt aber nichts, als daß sie wider das Bauchgrimmen und Blähungen helfen sollen, und auf den Seeklippen (wie Rondeletius mit Recht erinnert, nicht foliis marinis, sondern scopulis) ihre Nahrung saugten, und mehr ein Geschlecht der Schwämme, als der Fische wären.

**) Siehe Dessen Histor. Aquatil. P. II. p. 127. Er sagt, nachdem er des Aristoteles Beschreibung angeführt hat: Sie hängen nicht nur an den Steinen, sondern auch an den Austerschalen an; sie sind eyförmig, zuweilen etwas länger. Die äussere Haut ist braun, ungleich und steif; inwendig silberfarbig und glatt. Das darein gehüllte Fleisch sey, der Gestalt nach, einem Magen ähnlich, nämlich rund und länglich. Die dickere und weitere Röhre sey dem Schlunde, die kleinere dem After ähnlich. Beyde haben eine röthliche oder braunrothe Farbe, der übrige Körper ist safrangelb. Wenn man den Körper mit den Fingern drückt, so springt Wasser aus den Gängen. Sie haben einen solzigen bittern Geschmack. Die Abbildungen zeigen auch den Seescheiden ähnliche Körper an.

***) Siehe Dessen de Anim. exsangu. Lib. IV. p. 582. und 583. Zuerst beschäftiget sich Aldrovand sehr mit den Benennungen; alsdann giebt er des Rondeletius Beschreibungen und Kupfer, und endlich thut er noch mehr Kupfer und Beschreibungen aus dem Gesner hinzu, Er hat bisher nichts eigenes, als daß er diesen Thieren

in

find, lesen, kommt mit dem jetzt zu beschreibenden Wurm-Geschlecht überein; so wie auch die Geschlechtskennzeichen, welche ihm Linne[*]) nach dem Aristoteles gegeben hat: so daß ich diese Thiere mit Recht zu den Seescheiden rechnen kann. Denn die Beschreibung die Hr. Donati von zwey Tethyen giebt, zeigt, daß diese von ihm beschriebenen Thiere zu dem Seekork gehören. Die Seescheide ist demnach ein Geschlecht der Würmer, welches einen mehr oder weniger länglichen Körper, zwo an der Spitze stehende Oefnungen, deren eine kürzer ist, und keine Fühlfaden hat.[**])

Außer der gemeinen Seescheide,[***]) welche den Austern vorzüglich ansitzt und von den See-Bewohnern gegessen wird, habe ich noch drey andere Gattun-

O 2

gen

in einem Abschnitt das thierische Leben absprechen, und sie zu den Pflanzen gerechnet wissen will. Gesner beschreibt noch einige, die, wie er sagt, fungi marini genennt würden; allein die Gestalt ist sehr undeutlich, und die Beschreibung höchst unvoll-kommen, so, daß nicht bestimmt werden kann, was er vor Thiere meynet. S. Dessen Histor. Animal. Tom. IV. de Aquatil. Lib. IV. p. 1144.

[*]) Was Johnston hat, ist alles, sowohl Beschreibungen als Abbildungen, aus dem Rondeletius und Gesner genommen worden. S. de exsanguib. Aquat. p. 75. Tab. XX.

[*]) Der Verfasser bezieht sich auf die in der sechsten Ausgabe gegebnen Geschlechtskenn-zeichen. Allein diese stimmen nicht vollkommen überein: da sie auch wirklich andere Thiere bezeichnen, als die unser Verfasser beschreiben will. Es heißt daselbst: der Körper habe zwey Lippen; und in der Mitte sey ein länglichter knorplichter Körper, vier keilförmige Oehrgen, und zwey zum Lusthohlen bestimmte Löcher. Diese Kennzeich-en welchen sehr von denen ab, welche die Seescheiden haben.

[**]) Des Linne Geschlechtskennzeichen sind: Der Körper sitzt fest, ist etwas rauh und scheidenförmig. An der Spitze sind zwey Oefnungen, deren eine niedriger als die an-dere ist. Linn. S. N. Tom. I. P. p. 1087.

[***]) Dieses ist ohnstreitig das Tethyum der Alten; ja hieher gehört auch ohne Zweifel das Ascidium des Hrn. Basters. Denn obwohl Linne dessen Beschreibung bey der darmförmigen Seeschei-de angeführet hat; so ist er doch selbst zweifelhaft gewesen, welches das angehängte Fragzeichen beweiset. Ausserdem gedenkt Linne in seinem System gar nicht des ei-gentlichen Tethyum der Alten, oder der gemeinen Seescheide, und des Hrn. Basters

gen erhalten. Nämlich die lederartige rauhe, hochrothe Seescheide, an welcher die Oefnungen mit kleinen Haaren besetzt sind.[*) Die galler-artige, scharlachrothe, glatte Seescheide, an den Oefnungen ohne Bor-sten.**) Die häutige, weißlichte, runzlichte Seescheide, an den Organen ohne Borsten.***), Diese Gattungen will ich nunmehro durchgehen.

§. 2.

Die lederartige Seescheide (Taf. 10. Fig. 1.) ist gemeiniglich drey Zoll lang, ein und sieben Linien breit und hat eine eyförmige Figur. Obermärts ist sie mit zwo zizenförmigen Erhabenheiten oder zwey hervorgedehnten Organen a. b. versehen, davon die eine a. in dem obersten Theile des Körpers liegt und eine kreuzförmige Oefnung hat. Das andere ist etwas weiter unten, seine Oefnung liegt mehr der Quere und ist dreyeckig, (Fig. 2.) wie die zweyte Figur deutlicher zeigt. Um die Lippen bey der Oefnung herum, befinden sich viele borstenartige gelbe, eine Linie lange Haare, welche keine regelmäßige Ordnung halten. Die äußere Fläche des ganzen Körpers ist rauch und mit Körnergen oder kleinen läng-licht

Basters Kupfer kommen mit den Abbildungen des Rondelets sehr gut überein. Er beschreibt sein Ascidium folgendermaßen: Der Körper ist eyförmig, blaß, ohne Schale, weich wie Bergleder, auf der Oberfläche mit sehr kleinen Punkten besetzt, die den Häck-gen gleich sind, und mit dem bloßen Auge nicht können erkannt werden; damit hängt sich das Thier an andere Körper an. Der Körper endiget sich in zwey Arme, die am Ende offen sind, und deren Rand mit kleinen Punkten besetzt ist. Es hat weder Füße, noch sonst einige Gliedmaßen. Von der Natur dieses Thiers hat Baster nichts bemerkt, als daß es durch die offenen Röhren, welche es verlängern und ver-kürzen konnte, Wasser, und die darinnen befindlichen Thiere einsaugte, und darauf sehr aufgeblasen wurde; nach kurzer Zeit spreyete es das Wasser durch dieselben Oef-nungen wieder von sich. Die innern Theile waren in diesem Thiere wie in der Auster beschaffen, nur weicher und kleblicher, und können von der innern Haut ganz heraus genommen werden. S. *Joh. Basteri* Opusc. subseciva, Tom. I. Lib. 1. pag. 25. Tab. X. Fig. 5. A · · D.

*) Ascidia papillosa, *Linn.* l. c. Müller i. N. S. a. a. O. S. 83.

**) Diese heißt nach dem *Linne*: Ascidia gelatinosa. *Linn.* l. c. Hr. Müller nennt sie Gallertscheide, am a. O. S. 84.

***) Ascidia intestinalis, *Linn.* l. c. Darmscheide. Müller am a. O. S. 85.

licht runden, ſcharlachrothen (Coccineis) Wärzgen beſeßt. Das Ende, welches
den Oefnungen entgegen geſeßt iſt, oder die Grundfläche, iſt mit (Fig. 1.) ver-
ſchiedentlich gebildeten Stielen c. verſehen, durch deren Hülfe dieſer Wurm den
Steinen und andern Körpern feſt anſißt, ſo, daß er, ohne den Stielen zu ſchaden,
nicht kann abgeriſſen werden.

Die Haut iſt dick, ſo hart wie Leder und macht den größten Theil des Thieres aus. Die innern Theile kann man kaum unterſcheiden; einen darmähnlichen
Theil ausgenommen, welcher ein wenig unter der Oefnung (des obern Organs
anfängt, faſt bis zur Grundfläche herabſteigt, und, indem er von da auf die rechte
Seite zurückkehrt, ſich in die untere Oefnung endiget. Daher kann man mit
Grund muthmaßen, daß das obere Organ ſtatt des Mundes, das untere aber
ſtatt des Afters da ſey.

Die Fiſcher nennen dieſe Gattung der Seeſcheide, Meerlimonien, (Limone
di Mare.) Von dem Jonſton*) ſcheint ſie unter dem Namen der Meer-Men-
tula auf der zweyten Figur angezeigt zu ſeyn. Zur Speiſe wird ſie nicht gebraucht.

§. 3.

Die andere Gattung (Fig. 3.) der Seeſcheide iſt einen Zoll und zehen Linien lang, ſechzehn Linien breit und hat eine zuſammengedrückte Geſtalt. Sie
iſt über und über glatt, vortreflich ſcharlachroth gefärbt, wie eine Gallert durchſichtig und von der nämlichen Subſtanz, als wie die See-Lunge des Mathiolus,
und anderer, oder von mittler Feſtigkeit zwiſchen einer Gallert und einem Knorpel. Die Organen derſelben ſind länglicht rund und die Rize oder die Oefnung 2. a. länglicht. Die Lippen der Oefnungen ſind runzellicht und mit keinen
Haaren beſeßt. Auf der Grundfläche kommen auch, wie bey der vorhergehenden

Q 3　　　　　　　　　　　Gat-

*) Siehe Deſſen Lib. IV. de exſangu. Aquaticis, Tab. XX. 2. Mich wundert, daß
unſer Verfaſſer hier nicht den Rondelet angeführt hat, aus welchem doch des John-
ſtons Kupfer genommen iſt; ſiehe Deſſen Hiſtor. Aquatil. P. II. p. 129. Er ſagt
daſelbſt: Sie beſtehen aus einer harten Schaale, die aber knorpelartig, dicke, runzlicht und durchſichtig iſt. Sie haben zwey von einander entfernte Löcher, wodurch ſie
das Waſſer ausſprißen, wenn man den Körper drückt. Aus dem Rondelet iſt auch
Aldrovands (a. a. O. Seit. 589.) und Gesners (a. a. O. Seit. 893.) Abbildung
und Beſchreibung genommen.

Gattung, verschiedene Stiele b. b. vor, womit sie auf andern Körpern fest sitzen. Diese Seescheide, deren Zeichnung ich hier liefere, habe ich an einem Stücke Holze hängend am Ufer den 22sten August gefunden; weiter habe ich aber kein Individuum finden können. ")

§. 4.

Die nun folgende Seescheide (Fig. 4.) scheint mir diejenige zu seyn, welche Janus Plancus ") unter dem Namen Mentula Marina beschrieben hat. Man findet diese Gattung einzeln, oder mit mehreern Individuen derselben Art verbunden. Man könnte sie daher, die in Büscheln zusammenhängende Seescheide nennen."") Ihr ganzer Körper ist aus einer dicken den Därmen der vierfüßigen Thiere ähnlichen weißlichten Haut zusammen gefügt, so, daß als ich den 19ten August auf eine ähnliche Seescheide am neapolitanischen Ufer stieß, welche schon todt war, ich dieselbe für einem Theil eines Darmes von einen größern Thiere hielt, und es daher damals nicht achtete."") Als ich aber, nach einigen Tagen darauf, den Taf. 10. Fig. 4. abgezeichneten Haufen fand, so sahe ich, daß der Körper, welchen ich schon vorhin gesehen hatte, nicht ein Stücke Darm, sondern eine Gattung der Seescheide sey. Denn außerdem, daß ich viele ähnliche Körper unter

") Diese gallertartige Seescheide (Ascidia gelatinosa) hat, nach dem Linne, der in der Botanik berühmte Portugiese D. Vandelli beobachtet, die Schrift aber worinnen, ist mir nicht bekannt. Nach dessen Beobachtung ernähret sie sich von Schildflöhen, (Monoculis Linn.)

"") de Conch. min. not. P. III. Cap. 3. pag. 45.

"") Nach dem Linne heißt sie: Ascidia intestinalis; Müller nennt sie Darmscheide. Ausserdem hat Hr. Gunner in den Schriften der Drontheimischen Gesellschaft, Kopenh. und Leipz. 1767. 3ter Th. Seit. 69. dieses Thier mit dem Namen: Tethyum sociabile, welches dort durch Seebeutel ist übersetzt worden, beschrieben, und sehr genaue Beobachtungen davon angestellet, die wir hier kürzlich anführen werden. Des Hrn. Basters sein Ascidium, welches Linne hier fragend anführt, scheint nicht zu dieser Art zu gehören, sondern zu der gemeinen Seescheide, wie ich oben gezeigt habe.

"") Dieses bestätiget Gunner am a. O. Der Seebeutel sey ein Thier, welches man kaum davor ansehen sollte, wenn man es in die Hände nimmt; man kann weder Anfang noch Ende davon unterscheiden, und er sehe einen glatten nassen Zelle ähnlich, insonderheit, wenn man es todt erhält.

unter einander vereiniget fah, bemerkte ich auch zugleich eine deutliche Bewegung
in denselben. Ich nahm fie daher mit nach Haufe und unterfuchte fie genauer.

Es waren alfo fieben Seescheiden, wie die 4te Figur zeigt, vermittelst der
Stiele, welche faft fehnichte Festigkeit hatten, unter einander vereiniget, und
machten ein artiges Bündel aus.[*] Jede diefer Seescheide hatte an dem, den
Stielen b. entgegengefetzten Theile, zwey Organen a. welche ein wenig hervorragen und an den runden Oefnungen runzlicht, aber ohne Haare waren. Der
Körper derfelben ift zufammengedrückt und glatt, wird nach Willkühr des Thieres
bald zufammengekrümmt, bald in eine gerade Linie ausgedehnt. Die Haut ift
ftark und wie ich vorher erwähnt habe, wie die Därme befchaffen, und umkleidet
nicht nur den ganzen Körper, fondern bildet auch denfelben.[**] Wenn man fie
der Länge nach auffchneidet, fo fieht man einen andern häutigen Kanal, welcher
voll von fchwärzlicher Materie ift, und welcher von der obern Oefnung faft bis zur
Grundfläche herabfteigt, fich zurückbiegt, und in der untern Oefnung endiget.

Diefe Organen oder Oefnungen werden bisweilen fehr ftark zufammengezo-
gen, bisweilen erweitert, doch fo, daß niemals irgend eine Oefnung darzwifchen
bleibt. Ich mochte nun diefes Bündel von Seescheiden außer dem Waffer berühren, oder auch wenn es im Waffer ftand, betrachten, fo habe ich doch niemals
bemerkt, daß die Organen Waffer einfaugten und von fich gaben, wie es die
lederartige Seescheide zu thun pflegt.[***]

Wenn

[*] Hr. Gunner hat feine Seescheiden theils einzeln, theils zwey, theils fieben, und
diefes am öfterften, mit einander zufammenhängend gefunden. Die Urfache hiervon
foll feyn, daß fich fo viel an einander fetzen als möglich; hingegen nicht mehr als fieben Raum finden können.

[**] Die Geftalt diefer Thiere gleicht einem kleinen Beutel oder Sacke, der von oben bis
unten faft gleich dicke, ungefähr 4 Zoll lang, aber 1½ Zoll breit oder dicke ift. Man
kann ihn mit einer fchlappen Wurft, oder Stücke von einem Ochfendarme vergleichen,
weil er auswendig aus einem dicken, glatten, lederartigen, durchfichtigen und faft zit-
ternden (eingefchloffen fteht in der Ueberfetzung: gelinofum; ohne Zweifel foll es ge-
latinofam heißen, und dann müßte es überfetzt werden: gallertartigen) Wefen,
welches etwas fchlapp hänget, beftehet, eine blaiche oder gelblich ftille Farbe hat, und
deffen beyde Enden etwas flach und rundlich find. Gunner a. a. O. S. 70.

[***] An dem Ende, wo die Seescheide an nichts anhänget, fteckt fie bisweilen zwey etwas
von

Wenn der Körper einer solchen Seescheide mit einer spitzigen Nadel oder einem Griffel gereizt wird, so wird er ganz gegen die eigene Grundfläche zu oder gegen den Mittelpunkt des Bündels zusammengezogen und zusammengerunzelt, ohne daß sich die übrigen Seescheiden bewegen.*) Daher ist dieses Bündel, ob es gleich ein Körper zu seyn scheint, dennoch nicht ein einfaches Thier, sondern viele Individuen der Seescheiden machen es aus. Wiederum ein neuer augenscheinlicher Beweis, welcher deutlich zeigt, daß die Seefedern und Korallen einfache Thiere sind.

Ob aber dieser Gattung der Seescheide eigen sey, daß mehrere Individuen allezeit zugleich leben? Oder ob eine solche einfache Seescheide den Steinen oder andern Körpern bisweilen anhänge, ist schwer zu bestimmen. Ich habe sie niemals auf andern Körpern, sondern diesen und ähnlichen Bündel der Seescheiden in

Menge von einander stehende Wärzgen, die einem abgestumpften Kegel ähnlich sind, heraus, welche mit dem übrigen Zelle von eben derselben Farbe sind. Sie ist auch am Ende mit einem ganz kleinen Loche versehen, aus welchem nach allen Seiten feine und kurze Strahlen ausgehen. Die größte dieser Warzen, welche Hr. Gunner für den Mund ansiehet, stehet accurat in der Mitte, die andere kleinere aber, welche der After zu seyn scheint, unter der vorigen. Das Thier ist im Stande beyde Warzen einzuziehen und auszustrecken, wie es will, und wenn es dieselben eingezogen hat, so siehet man an den Orten, wo sie waren, nichts, als zwey sehr kleine Löcher, die mit feinen Strahlen umgeben sind, und man findet alsdenn kein anderes Kennzeichen vom Munde, als daß man das Loch, so sich in der Mitte befindet, dafür ansehen kann. Diese Oeffnung ist zwar auch etwas größer, als die andere, die Größe aber ist auch Ursache, daß es schwer fällt, sie von einander zu unterscheiden; denn sie sind so klein, daß man sie kaum beobachten kann, besonders, wenn das Fell, worauf sie sitzen, runzlicht ist, und nicht erst ausgestrichen wird. Gunner a. a. O. S. 73. Die Vergleichung des Mundes der Seescheide mit der Seeraupe (Aphrodita) daselbst, lassen wir, um nicht weitläuftiger zu werden, aus.

*) Gunner stach eines dieser Thiere mit einer Nadel, welches sich darauf krümmte und bengte, und nach dem untern Ende zog, wo es an die andern befestiget war; das Gefühl zeigte sich am stärksten, wenn er die Nadel in das oberste Ende, oder in die Quere durch den Körper stach, so, daß zugleich die innern Theile getroffen wurden. Doch keine der andern Seescheiden ließen sich dadurch ansehen, oder gaben ein Zeichen des Schmerzens und Gefühls von sich, wie sie sich denn auch nicht rührten, wenn man die Fäden abschnitt, womit sie an einander befestiget waren.

Menge zu verschiedenen Zeiten frey am Ufer gesehen. Daher scheint mir die erstere Eigenschaft wahrscheinlicher, und hieraus sieht man ein, daß der Körper, welchen Janus Plancus unter dem Namen der See-Mentula beschreibt, nach seiner Meynung, nicht zum Tethyum sondern zum Holothurium gehöre, weil er von den Steinen gelöst ist.*)

Diese Eigenschaft unserer Seescheide wird noch durch die Weise, wie sie erzeuget werden, bestätiget. Als ich am 27sten August wiederum das Ufer des Meeres durchsuchte, so stieß ich auf eine ähnliche gelöste Seescheide, welche an nichts anfaß, und größer als alle vorhergehenden war. Auf ihrem Rücken (Fig. 5.) sah man acht junge Seescheiden a. a. zwischen diesen war auch viele andre kleine Brut b. b. und auf der entgegengesetzten Seite des Stammes (Fig. 6.) waren acht Junge a. a. vertheilt, welche größer als die ersten kleinen waren. Sowohl in den größern, als auch in denen von der mittlern Größe und auch in den ganz
kleinen

*) Hr. Bohadsch behauptet also, daß die Seescheiden frey im Meere lebten; allein des Hrn. Gunners Beobachtungen streiten darwider: denn an denen, welche frey waren, fand er, daß an dem einen Ende gleichsam Zeichen von einer Menge kleiner und abgeschnittener Warzen, an einer andern abgeschnittene Fäden waren, und endlich fand er eine an einem Steine feste hängen, und kurz darauf eine andere, die an dem breiten Tang (Fucus serratus *Linn.*) befestiget war. Zu diesen Beobachtungen thut Hr. Gunner noch eine Beschreibung der innern Theile hinzu, wovon wir nur folgendes anmerken: Wenn man eines dieser Thiere aufschneidet, so bekommt man einen neuen Körper zu sehen, der mitten im Thiere hängt, und von dem äußern häutigen Wesen oder dem Beutel umgeben wird. Dieser schien weder unten noch an den Seiten an dem Beutel befestiget gewesen zu seyn; doch halten sie beyde genau an einander geschlossen. In Ansehung der Gestalt gleichet dieser Körper einer Florentiner Flasche; er hat einen länglicht runden Bauch, der nach unten hängt, und einen langen Hals, welcher in den Mund gehet; nahe an demselben liegen zwey kleine Wärzgen, und über der Mitte des Halses sprosset eine zarte Röhre heraus, welche an den After gehet, und als ein Darm des Körpers angesehen werden kann. Hr. Gunner nennt diesen Körper ein Thier, (wo anders die Uebersetzung richtig ist,) bestimmt aber in der Folge nichts gewisses. Mir scheint dieser Körper anstatt der Eingeweide der Seescheide zu seyn. Nachdem giebt Hr. Gunner noch eine genaue Untersuchung der Beschreibungen, die sich von diesen Thieren beym Aristoteles finden.

R

kleinen Seescheiden, sieht man den Anfang der Oefnungen; die Stiele aber kann man nicht unterscheiden.

Diese besondere Art der Erzeugung erfolget, wie ich glaube, auf diese Art: Die Eyer unsers Wurms scheinen so beschaffen zu seyn, daß sie, wenn sie aus dem Körper der ältern Seescheide herausgeworfen worden sind, an der äußern Fläche derselben von den Wellen leicht angeheftet werden. Aus denselben gehen eben daselbst die Jungen heraus und hängen so lange an, bis sie eine gewisse Größe erlangt haben. Hierauf vereinigen sich mehrere, vermittelst der Stiele, und schweifen Bündelweis im Meere herum. Die verschiedene Größe der Jungen an einerley Stamme, hängt von der Verschiedenheit der Zeit ab, nach welcher diese oder jene Eyergen ausgeworfen sind. Ein ähnliches Erzeugungs-Geschäfte trift man in einigen Gattungen der Aufter (Oftrea) an, deren sich auch mehrere zu vereinigen pflegen. *)

Achter Abschnitt.
Von der mit einem Mantel versehenen Medusa. **)

§. 1.

Den auf der eilften Tafel ersten Figur abgezeichneten Wurm nenne ich Medusa nach dem Linné, nach andern aber ist es eine Gattung einer Seenessel.

Ihre Figur, ist so wie an allen Gattungen der Medusa, walzenförmig, oder wie

*) Linné hat noch drey Arten der Seescheide, deren Geschichte aber höchst unvollkommen ist; siehe Dessen Syst. Nat. Tom. I. P. II. p. 1087. Müller l. M. S. VI. B. 2. Th. Seit. 85.

**) Linné führt diese Art aus dem Bohadsch in seinem System nicht an; er müßte sie denn stillschweigend zu seiner Medusa velella Segelqualle (Müller l. M. S. VI. B. 1. Th. Seit. 127.) rechnen, wovon sie doch unser Verf. wie unten gezeigt wird, unterscheidet. Hr. Gunner führt in den Schwed. Abhandl. 29. B. S. 139. bey der Beschreibung der Actinia senilis, Austernessel, diese Medusa unsers Verf. an; zweifelt aber selbst, daß sie mit dem von ihm beschriebenen Thiere einerley sey.

wie Linne sagt, kreisförmig. *) Der innere Bau ist eben derselbe; nämlich unzählig viele kleine walzenförmige Fühlfaden a. a. stehen auswendig in Kreis herum; ein länglicher Mund b. welcher dicke Lippen hat, und aus welchem lange ganz weiße Faden c. c. hervorragen, öfnet sich in der Mitte des Körpers; und ein wenig über den Mund ragt der After d. unter der Gestalt eines walzenförmigen Röhrgens hervor. Die Haut ist auswendig weiß und mit vortrefflichen scharlachrothen Punkten e. e. bezeichnet. Das besonderste aber an dieser Gattung der Medusa ist, daß sie auswendig mit einer andern von dem zirkelförmigen Körper getrennten Haut, gleichsam als von einem Mäntelgen umkleidet ist. Daher habe ich sie auch die mit einem Mantel versehene Medusa genennt.

Im Monat August wird sie vorzüglich von den Fischern gefangen, als zu welcher Zeit ich auch viele Individuen derselben bekommen habe. Alle Medusen dieser Gattung sitzen auf leeren Schaalen der genabelten Schnecke, welche weißlicht ist und scharlachrothe Punkte hat, f. (Cochlea umbilicata sub albida punctis coccineis notata,)**) und scheinen fast in Ansehung der Farbe einen Körper mit der Schnecke auszumachen. Die Lage einer jeden Medusa über der Schnecke aber ist folgender Art beschaffen: Der kreisförmige Körper hängt an der innern Lippe der Mündung der Schnecke fest an, das Mäntelgen g. aber ist dem Rande der auswendigen Lippe überall so fest angeheftet, daß

R 2 zwi-

*) Walzenförmig und kreisförmig ist nicht einerlei: das erstere bezieht sich auf den körperlichen Inhalt, wenn der Umkreis eines ausgedehnten Körpers aus lauter gleichsam über einander liegenden Kreisen besteht, wie man an einer Walze sieht; kreisförmig bezieht sich aber blos auf den Umkreis einer Fläche von einem Körper, ohne auf dessen Dicke oder körperlichen Inhalt zu sehen: wie denn dieses Linne bey der Bestimmung der Geschlechtszeichen der Medusa angenommen, als welches man aus der Beschreibung und Betrachtung der Arten leicht ersehen kann. Der Körper der Medusa muß daher gallertartig, kreisförmig, und platt, aber von oben nach unten zusammengedrückt seyn. S. Linn. Syst. Nat. Tom. I. P. II. p. 1096. Müller i. N. S. VI. B. 1. Th. Seit. 120.

**) Weder aus dieser Beschreibung noch aus dem Kupfer läßt sich zuversichtlich bestimmen, was Hr. Bohadsch eigentlich für eine Schnecke meyne. Nach der Spitze und den halben Windungen kann sie zu den Mondschnecken, (Turbo,) Neriten, (Nerita,) auch Schnirkelschnecken (Helix) gehören.

zwischen dem kreisförmigen Körper der Medusa und der innern Fläche des Mäntelgens ein leerer Zwischenraum bleibt. Das Mäntelgen wird wie ein Segel,
wenn sich dieser Wurm in Wasser aufhält, ausgedehnt; es fällt aber nieder, sobald er aus dem Wasser herausgezogen wird.

Die Ausdehnung dieses Mäntelgens ist die Ursache, daß unsere Medusa
im Meere herumschwimmen kann, wo sie von den Fischern gefangen wird. Der
vorherbenannten Schnecke aber scheint sie deswegen anzuhängen, damit die Fein-
de dieses weichen Thiers, welche sich im Meer aufhalten, dasselbe nicht von der
Schaale der Schnecke unterscheiden möchten, weil theils die Gestalt des Mäntelgens in die Mündung der Schnecke paßt, theils die Farbe beyder einerlei ist.

Ich gestehe, daß diese Gattung der Medusa besser die segeltragende hätte
können genannt werden, weil sie ihr Mäntelgen wie ein Segel ausspannt; damit
sie aber nicht mit der segeltragenden Seenessel des Fabius Columna *) verwechselt würde, so wollte ich sie lieber die mit einem Mantel versehene Medusa nennen.

Ich will hier noch anmerken, daß Marcus Carburi **) die segeltragende
Seenessel des Fabius Columna mit dem Namen Armenistarl, so wie man
sie in Cefalonien nennet, beleget und sie von den Seenesseln absondert. Die
Ursache davon sehe ich nicht ein; denn wenn sie, nach seiner eigenen Meynung, den
Namen einer Seenessel zu verdienen scheint, weil sie, wie die Brennnesseln
brennet, so verdient sie denselben wegen des Baues des Körpers um desto mehr,
welchen sie mit den Seenesseln gemein hat; das knöcherne Segel ausgenommen,
mit

---

*) Siehe Dessen minus cognitar. stirp. ecphraſ. im Anhang de Aquatil. p. 20. T. 22.
Vrtica marina soluta, velifera.

**) Siehe allgemeines Magazin der Natur, Kunst und Wissenschaften, 10ter Theil,
Leipz. 1759. Seit. 130. die Abhandlung ist eigentlich Italiänisch in dem nuova Rac-
colta d'opuscoli scientifici e filologici, Tom. III. herausgekommen; sie ist aber
in allem Betracht sehr lesenswerth. Hier ist zu merken, daß Herr Dana dieses Thier
unter demselben Namen in den Actis Taurinensibus, Tom. II. (mit dem rechten Titel Mélanges de Philosophie et de Mathematique, de la Société royale de Turin,)
1766. p. 106. beschrieben hat. Diese Abhandlung findet sich in der Sammlung
brauchbarer Abhandlungen aus des Rozier Beobachtungen über die Natur und
Kunst, 1ster Band, Leipz. 1775. 8. Seit. 3. Hr. Dana hält sie für eine unbekannte Art, und führt weder den Carburi noch den Columna an.

mit dem sie fest zusammenhängt, und welches einen Theil derselben ausmacht. Sowohl Fabius Columna, als auch Carburi haben diesen Wurm weitläuftig beschrieben; der letztere aber hat eine vortrefliche Figur von ihm gegeben. Daher wäre es unnöthig, die Geschichte dieses Wurms zu wiederholen. Jedoch kann ich dasjenige nicht übergehen, was Carburi selbst nicht vollenden konnte. Denn indem er die segelförmige Haut beschreibet, so sagt er, er könne nicht gewiß behaupten, ob die Haut des Flügels mit der Haut der Grundfläche verbunden sey. Hiervon will ich jetzt einiges, was ich entdeckt habe, bekannt machen.

Indem ich viele Individuen dieses Wurms, und vorzüglich ihre Segel untersuchte, fand ich, daß an ihnen, nachdem sie trocken geworden, die Haut der Grundfläche aus einem doppelten Blättgen zusammengefügt sey, nämlich aus einem untern, auf welchem das Thier liegt und aus einem obern, welches in die Höhe gerichtet ist und den Flügel des Segels ausmacht, daher ist die obere Platte der Grundfläche und der Flügel eine und eben dieselbe Haut, oder welches Carburi unbestimmt gelassen hat, die Haut des Flügels ist mit der Haut der Grundfläche ununterbrochen verbunden. Die untere Haut der Grundfläche ist glatt, einige kreisförmige Furchen ausgenommen, welche in derselben ganz fein ausgehöhlt sind. Die innere Fläche des obern Plättgens der Grundfläche, oder diejenige, vermöge welcher sie an die untere geheftet wird, ist mit andern concentrischen Häutgen, welche eine Linie hoch erhoben sind, versehen, und diese concentrischen Häutgen bilden die erwähnten Vertiefungen in der untern Platte der Grundfläche. Ob aber gleich die obere Platte vermittelst dieser Häutgen mit der untern in dem lebendigen Thiere fest vereiniget ist; so läßt sie sich doch an dem todten und ausgetrockneten Thiere sehr leicht von dieser trennen. In der Haut des Flügels wird man verschiedene Streifen, welche nach einem stumpfen Winkel gezogen sind, gewahr. Die Häute, welche das Segel der Medusa ausmachen, sind von demselben Bestandwesen, wie die Schuppen der Fische, und der Knochen des Dintenfisches, jedoch ein wenig dünner. Man kann daher nur das bloße Segel nach dem Tode des Wurms aufbewahren; denn der übrige Körper der Medusa ist so weich, daß er entweder in der Luft verfliegt, oder im Weingeiste zerfließt.*)

R 3   Neun-

*) Es würde überflüßig seyn, hier die ganze Geschichte dieser seegeltragenden Medusa

Neunter Abſchnitt.
Von den Eyern einer Gattung des Rochen. *)

§. 1.

Wiewohl ſchon andere den Eyerſtock der Rochen beſchrieben haben; ſo hoffe ich doch, daß dieſe Beſchreibung deſſelben nicht werde überflüßig ſeyn, da derſelbe bey den vielen Arten ſehr verſchieden iſt, eben ſo wie der Eyerſtock des Blackfiſches von denen des Dintenfiſches höchſt verſchieden iſt.

§. 2.

Runſch **) hat den Eyerſtock einer Roche ſehr ſchön abzeichnen laſſen, und Meckhani ***) hat ebendenſelben genau ausgedrückt. Man kann aber aus ihren Schriften nicht erkennen, von was für einer Gattung der Rochen dieſer geweſen ſey. Needham handelt ſo im allgemeinen davon, daß er in der Meynung zu ſtehen ſcheint, als wenn es nur eine Gattung der Roche gebe, oder welches wahrſcheinlicher iſt, als wenn alle Gattungen einerley Eyerſtock ablegten; Denn er ſagt: die Roche, ſoviel ich aus der Betrachtung ihrer Eyer urtheilen kann, vervielfältiget ihre Gattung nicht auf die nämliche Art, wie der größte Theil der übrigen Fiſche. Daß Runſch eben ſo gedacht habe, beweißt die Erklärung der Figuren A. A. Foetus Rajae extra teſtam parte ſupina viſus. Man ſieht aber aus der gegebenen Figur der Rochen, daß er den Eyerſtock derjenigen Roche abgezeichnet habe, welche man gemeiniglich die Walker-Roche ****) nennt.

Runſch

ohne aus den angeführten Schriftſtellern anzuführen; da unſer Verf. eigentlich die Geſchichte derſelben nicht liefert, ſondern nur zu der gegebenen einige Zuſätze macht, und die gegebenen Beſchreibungen ohnedem ſchon deutlich zu leſen ſind.

*) Rais, Linn. S. N. Tom. I. P. I. pag. 395. Rochen. Müller i. N. S. 3ter Th. S. 236.

**) Siehe Deſſen Theſaur. Animal. I. Tab. III. Fig. 4.

***) Siehe Deſſen nouvelles Obſervations microſcopiques, à Paris, 1750. 12. pag. 115. Tab. V. Fig. 16.

****) Raia ſullonica Linn. l. c. p. 396. Müller am a. O. S. 245.

Runfch und Needham sind nicht die einzigen, welche die Eyerstöcke aller Rochen für gleichgebildet gehalten haben. Denn Jonston, [*] indem er überhaupt von den Rochen handelt, sagt: sie tragen in der Gebärmutter einige schaalige Körper, die Schaale ist den Schenkelbändern ähnlich. Die Figuren der Eyerstöcke sind aber bey allen Schriftstellern eine jede anders, welches von der verschiedenen Idee und Aufmerksamkeit des Abzeichners hat herrühren können. Ich kann daher nicht gewiß behaupten, ob ein jeder der angeführten Schriftsteller den Enerstock einer besondern Roche abgezeichnet habe, oder nicht. Darinnen aber bin ich gewiß, daß der Enerstock, welchen ich nunmehr beschreiben will, von dem, welchen Ruysch, Needham und Jonston beschrieben haben, verschieden sey.

§. 3.

Der ganze Eyerstock (Taf. II. Fig. 2.) ist schwärzlich rothbraun gefärbt, und eben so groß und so gebildet, wie die 2te Figur zeigt. Er stellt nämlich einen viereckigten Körper vor, welcher rings herum mit vier Bändern a. a. a. a. gleichsam wie mit Hörnern besetzt ist. Er ist aus zwey Theilen, wie die Eyer der Vögel, zusammen gesetzt; nämlich aus einem äußern oder schaaligten und aus einem innern oder botterartigen. Die Schaale ist ledern und sehr hart, so, daß sie nur mit vieler Gewalt durch ein Messer geöfnet werden kann. Sie besteht aus einem schwammigten und festen Wesen. Das schwammigte hat unzählig viele unregelmäßige kleine Löcher, b. und länglichte Fasern, welche fast gleichweit von einander abstehen, und macht die äußere Fläche der Schaale aus, die Ränder c. c. ausgenommen. Die Fasern des festen Wesens liegen sehr fest auf einander, und zwar so, daß auch nicht der geringste Zwischenraum bemerkt werden kann, sondern daß es wie Erdharz oder Pech fest und glänzend erscheinet. a. Fig. 3. Dieses ist nach der innern Fläche des Eyes gerichtet, überall sehr schwarz und sehr glänzend. Dieses feste Wesen wird inwendig von einer andern dünnern Haut b. umkleidet, welche aus festen und genau unter einander verbundenen Fasern besteht, und sehr schön beryllgrün aussieht.

Wenn

[*] Siehe Deßen de Piscibus Lib. I. Cap. III. Art. III. Punct. IV. pag. m. 35. de Raiis in genere. Tab. XII. Fig. 4. Gerunt vtero testacea quaedam, testa tibiarum ligulis similis est. Alles, was Jonston hat, ist aus dem Rondeletius genommen, Kupfer und Beschreibung.

Wenn man die ganze Schaale nach der Quere theilet, so sieht man, daß sie aus einer Substanz besteht, so, daß der innere und glänzende Theil auswendig gleichsam in eine zellichte Haut sich zu verwandeln scheint. Wenn diese Schaale gegen das Licht mit dem Vergrößerungsglase angesehen wird, so erscheinen unzählige feuerrothe schöne Punkte, die durch dunkele Zwischenräume von einander getrennt werden. Diese feuerrothe Punkte sind nichts anders, als das feste Wesen der Schaale, welches durch die Löcher sichtbar ist.

Das schwammigte oder zellichte Wesen bedeckt, wie ich vorher sagte, das ganze Viereck des Eyes, und begleitet auch zugleich die innere Fläche der Bänder, (Fig. 2.) d. d. d. d. auf drey Zoll lang. Die Ränder des Eyes c. c. und die äußere Fläche der Bänder zugleich mit ihren Enden, e. e. e. macht das feste gestreifte Wesen der Schaale aus. Die Bänder selbst sind gemeiniglich fünf Zoll lang, gegen die Enden sind sie dünner und enger, und werden auf verschiedene Art zusammengedreht.

§. 4.

Der Körper des Eyes ist auf beyden Seiten ein wenig erhaben, und mit einer weiten Höhle versehen, worinnen der andere Theil, nämlich der Dotter aufbehalten wird. Dieser ist in einem neu herausgezogenen und ganz frisch von der Roche ausgeworfenen Eyerstocke flüßig, und aus einem gelben und weißlichten Saft vermischt; dieser Saft wird mit der Zeit feste, wenn das Ey lange außerhalb dem Meere aufbehalten wird. Indem der Dotter auf diese Art feste wird, so gehen sowohl diejenigen Theilgen, welche den gelben Saft ausmachen, als auch die Theilgen des weißlichen Safts insbesondere zu einander, vereinigen sich und machen ein in Ansehung der Farbe doppeltes Wesen aus, nämlich das obere gelbe und durchsichtige, und das untere milchartige und undurchsichtige; und zwar so, daß das erstere dem gelben, das andere aber dem milchweißen Bernstein einigermaßen ähnlich ist. Alle beyde erregen auf der Zunge einen salzigen Geschmack blos mit dem Unterschiede, daß der gelbe Theil salziger ist, der milchartige aber denselben Geschmack, wie das Eydotter von einer Henne hat. Es scheint daher dieses das Eydotter, jenes das Eyweis der Roche zu seyn. Wenn man alle beyde Substanzen getrocknet in Wasser kocht, so leiden sie keine Veränderung, außer daß der gelbe Theil auch weiß und undurchsichtig wird und seinen salzigen Geschmack größtentheils verliert.

Kügel

Kügelgen und eine kleine Narbe habe ich nicht beobachten können, wie Needham[*]) dieses will gesehen haben; auch habe ich keine besondern Eyergen in diesem viereckigten Eye gefunden, welche Runsch Fig. 5. Taf. III. darstellet. Jedoch zweifle ich nicht, daß diese Männer etwas ähnliches beobachtet haben: Needham nämlich Kügelgen und eine kleine Narbe, weil er das zusammengesetzte Vergrößerungs-Glas,[**]) ich aber nur das einfache gebraucht habe, und außerdem hat er an einem ganz frischen Eyerstocke seine Beobachtungen angestellt. Ich glaube auch, daß Runsch einige den Eyern ähnliche Bläsgen gesehen habe, welche aber nicht die Eyergen der Roche gewesen sind. Denn ich weis aus Needhams und meinen Bemerkungen, daß in der Ey-Schaale der Roche nur Eyweiß und Eydotter wie in den Eyern der Vögel, nicht aber besondere Eyergen enthalten sind. Dieses wird ferner dadurch bestätiget, weil aus dem Eye der Roche nur eine einzige Frucht erzeugt wird, da doch gewiß mehrere hervorkommen würden, wenn die Schaale desselben mehrere Eyergen verborgen hielt. Ich würde daher viel- mehr die von dem Runsch bemerkten Bläsgen und die von Jonston[***]) über dem Eye der Roche abgezeichneten Eyergen für Wasserblasen (Hydatides) halten.

§. 5.

---

[*]) Siehe die angeführten nouv. Observ. im 10ten Kap. Seit. 116. Es heißt daselbst: Das Weiße des Eyes ist gelb, wird in warmen Wasser hart, und scheint aus Kügel- gen zusammen gesetzt zu seyn, welche man für kleine Blasen halten kann, die die Nah- rung der jungen Frucht ausmachen. Dieses in der Höle des Eyes hat seine Haut, wodurch die harte Schale umzogen wird; und sowohl das Weiße als das Dotter ha- ben ihre eigene Haut. Allein das Dotter ist nicht an den Hälftern wie die übrigen Eyer angehäuget, wahrscheinlich deswegen, weil sie bey einer solchen Gestalt des Eyes, nicht nöthig sind. Man kann leicht, auch mit bloßem Auge, die Narbe unterschei- den, welche strahlig zu seyn scheint, und mit einem Scheibgen von einer querdurch- schnittenen Zitrone einige Aehnlichkeit hat. Dieses beweißt, daß die Eyer ehe be- fruchtet werden, als sie aus dem Körper der Mutter gehen.

[**]) Dieses findet man beym Needham nicht; er sagt: man könne sie mit bloßem Auge sehen.

[***]) Siehe Dissen de Piscibus, Tab. XII. Fig. 4. Vielleicht ist Rondelets unten an- geführte Meynung wahrscheinlicher, da diese Eyer nicht, wie sie die Figur vorstellt, dicht an dem großen Eye liegen. Siehe die Anmerkung[***]) beym 6ten §. S. 139.

S

§. 5.

Die Gattung der Roche, welche diese Eyer leget, kann ich nicht bestimmen. Denn so lange ich in Neapel war, habe ich nur zwey Sorten erhalten, in welchen keine Spur des zukünftigen Jungen, vielweniger so eine Vollkommenheit der Theile derselben sichtbar war, daß einige Gattungs-Kennzeichen hätten daraus erkannt werden können. Doch sieht man aus meiner Beschreibung wenigstens, daß es verschiedene Eyer der Rochen gebe. Es wäre zu wünschen, daß mehrere, die nahe an der See wohnen, dadurch ermuntert würden, die Eyerstöcke dieses Fisches zu verschiedenen Jahreszeiten zu untersuchen.

In Italien macht man von diesen Eyern keinen Gebrauch; da hingegen die Holländer das Ey einer andern Rochen-Art wider den Fluß der goldnen Ader bisweilen gebrauchen, indem sie die Kranken, sich damit räuchern lassen. Denn man könnte die Schaale desselben, worinne man sowohl aus ihrer Farbe, als auch, wenn man sie verbrennt, Theilgen von Schwefel und Erdharz entdeckt, zur Linderung der Schmerzen in dieser Krankheit und auch der hysterischen Zufälle eben so gut, als wie ein jedes Horn oder die Federn von Vögeln oder andere Theile von Thieren zum räuchern gebrauchen. Ja man könnte mit leichter Mühe Salz und flüchtigen Spiritus daraus bereiten, welche mit dem Hirschhorngeiste und Salze von gleicher Wirkung seyn würden.

Außerdem könnte man aus jedem Dotter dieser Eyer verschiedene Speisen bereiten, weil er drey ganzer Jahre durch, ohne zu verderben, kann aufgehoben werden und auch keinen ekelhaften Geschmack bekommt. Dieses habe ich von einem andern Eye dieser Art erfahren, welches man mir vor drey Jahren aus Neapel geschickt hatte und noch jetzt eine angenehme Speise ist.

§. 6.

Damit man diese kurze Beschreibung der Eyer einer Roche mit den Schriften anderer vergleichen kann, so will ich diejenigen anführen, welche außer dem Runsch, Needham und Jonston etwas von denselben geschrieben haben. Hieher gehört Aristoteles Geschichte der Thiere, 2. Buch, 13. Kap. *) Gesner in
seinem

*) In diesem vom Verf. angeführten Orte, findet man weiter nichts, als daß die Rochen Eyer legen; aber im 6ten Buche Kap. 10. sagt Aristoteles, daß die Rochen und Hundshayen einige schalige Körper (τὰ ὀστρακώδη) bey sich tragen, worinnen
ein

seinem Buche von Fischen, Seite 929. u. f.*) Aldrovand von Fischen, im dritten
Buche, Kap. 7. Seite 445.**) Rondeletius, ***) Ceruvus, Brackenhofer,****)

Nico-

*) ein ertränklicher Saft ist. Ihre Gestalt kömmt den Schenkelbändern (τοι αυλων γλωτταν) ähnlich, und in den Schaalen entstehen haarförmige Gänge.

*) Nach der latein. Ausgabe, Zürch, 1580. Alles, was Gesner sagt, ist mit dem Kupfer aus dem Rondelet genommen. Seite 940. kommen einige Anmerkungen darzu.

**) Nach der Bolognes. Ausgabe, 1530. Die Beschreibung ist aus dem Rondelet, ohne Abbildung: daher es lächerlich ist, wenn sich Aldrovand auf die Abbildung bezieht, die er doch nicht liefert.

***) Siehe Dessen de Piscibus Lib. XII. p. 342. Sie haben, sagt er, ein Ey mit der Schaale, und legen eines oder höchstens zwey auf einmal. Ausser dem vollkommenen Eye, welches in der Gebärmutter selbst liegt, hat Rondelet, indem er die Rochen öfnete, gefunden, daß sehr viele unvollkommene in dem obern Theile der Gebärmutter hängen. Er glaubt daher, daß es mit den Rochen eben so beschaffen sey, als mit den Hünern, welche viel Eyer im Eyerstocke haben, und doch nur eine auf einmal legen. Die Eyer der Rochen im Eyerstocke haben noch keine Schaalen, und scheinen blos Dotter zu seyn, sind von verschiedener Größe, die größten so groß als ein Hühnerey, die kleinsten kaum so groß als eine Kichererbse, (Cicer.) Er hat mehr als hundert in dem Rochen gezählt. In den untern Theil der Gebärmutter bekommen diese Eyer die Schaale, und bestehen aus dem Dotter und Weissen. Das gelegte Ey ist viereckig, ohne die Anhänge, deren zwey länger sind, zwey kürzer, breiter und zusammengewickelt; wenn man diese Anhänge wegnimmt, so bekömmt das Ey eine Gestalt, die, wie Aristoteles sagt, den Schenkelbändern ähnlich ist.

****) Wo diese Schriftsteller davon gehandelt haben sollen, ist mir unbekannt. Weder im Gronov, noch Brinkmann, noch Scheuchzer, noch Hallers Büchern, wo von den Schriftstellern der Naturgeschichte gehandelt wird, finde ich etwas davon angezeigt. Bened. Ceruvus hat weiter nichts geschrieben, als einige medicinische Briefe, die in Joh. Hornungs Cista medica gefunden werden: und alsdenn hat er das Museum des Calceolarii zu beschreiben angefangen, da es denn Chiocci herausgegeben, mit dem Titel: Museum Franc. Calceolarii a Ben. Ceruto inceptum et ab Andr. Chiocco perfectum, Veron. 1622. Fol. Beyde Bücher kann ich nicht zum Nachschlagen erhalten. Brackenhöfer ist aber auch, dem Namen nach, nicht angezeigt.

Nicolaus Steno in einem Briefe an den Piso de raiarum Anatome, *) Oliger Jacobäus in Museo Reg. Dan. p. 17. **) P. Artedi Spec. Pisc. p. 106. ***)

Zehnter Abschnitt.
Von den Eyern des Hundshaayen. †)

§. 1.

Gleichwie durch die Bemühungen der Neuern viele Geheimnisse der Natur sind entdeckt worden, so finden wir auch einige bey den Alten, wovon wir entweder gar keinen oder einen ganz verschiedenen Begrif haben. Zum Beyspiel sind die Eyer des größern Seehundes (Catuli maioris) der Alten oder des Hundshaayen, welche schon dem Aristoteles und seinen Nachfolgern bekannt waren, zu unsern Zeiten aber sogar denen Bewohnern der Seeküsten unbekannt sind.

§. 2.

Als Mauritius von Mayersbach, ein Arzt von Prag, im Jahre 1754. nach Italien reisete, und sich zu Neapel einige Monate aufhielt, so schickte er mir sehr viele Seekörper und unter diesen zwey Eyer des erwähnten Haayen, unter dem italiänischen Namen: Borsa del Mare, (Meerbeutel.) ††) Dieser glänzende

---

*) Dieser Brief ist angehängt, an Dessen Observat. de Musculis et Glandulis, Hafn. 664. 4.

**) In der Edition die Joh. Laverenzen herausgegeben hat, P. I. Sect. 3. no. 35. (keine Seitenzahl ist nicht angegeben,) steht nichts, als daß Steno von den Eyern der Rochen geschrieben hat.

***) Im obern Theile des Unterleibes sind zwey länglichte, flache, weisse Theile enthalten, eine auf jeder Seite des Rückgrads, die entweder die Eyerstöcke oder die Saamenbläsgen sind.

†) Squalus ex rufo varius, Pinna ani medio inter anum & caudam pinnatam. *Artedi* Descript. spec. pisc. p. 97. no. 10. Gener. Pisc. p. 168. Squalus Canicula *Linn.* S. N. Tom. I. P. I. p. 399. Müllers L. N. G. 3ter Th. S. 162.

††) Man muß diese Eyer nicht mit dem Wurme, welcher auch der Seebeutel (Holothuria

Von den Eyern des Hundshaayen.   141

jenbe und von mir vorher noch niemals gesehene Körper gefiel mir so, daß ich mich täglich bemühte zu bestimmen, was es eigentlich sey? Endlich schien er mir am wahrscheinlichsten, die Luftblase eines Fisches deßwegen zu seyn, weil er hohl und voll Luft war.   Doch, damit ich dessen Natur gewisser erfahren möchte, schrieb ich an einen in Neapel lebenden Freund, von dem ich folgende, von den Fischern gegebene Antwort erhielt.

§. 3.

Borsa del Mare ist weder eine Blase noch ein Eyerstock oder ein anderer Theil eines Fisches, sondern ein besonderes Thier männlichen und weiblichen Geschlechtes.   Das erstere nennen die Fischer Polpa das andere Polpessa.   Es hat den Mund und die Geburtsglieder inwendig, auswendig mit Warzen versehene Rüssel, vermöge welcher es an verschiedenen Körpern fest anhängt.   Auf dem hohen Meere aber hält es dieselben ausgespannt und der Körper ist mehr aufgeschwollen.

Es giebt größere und kleinere Thiere dieser Art und sie sind auch in Ansehung der Farbe unterschieden.   Denn einige sehen rothbraun aus, andere schwarz, einige gelb, andere sogar weißlicht, und in einigen nisten Fischgen.   Wenn sich das schwangere Weibgen auf dem hohen Meere aufhält, bemüht es sich an das Ufer zu gelangen und gebähret daselbst, damit die Jungen desto leichter Nahrung finden können.   Denn diese Thiere halten sich vorzüglich an Ufern und um die Klippen herum auf, wo die After-Moose wachsen, womit sie sich nähren.   Die Fischer fangen sie mit Speeren und eisernen Haken zur Nachtzeit bey Lichte, in den Monaten May, Junii, Julii und Augusi, zu welcher Zeit sie einen angenehmen Geruch, wie Moschus von sich geben.   Der gemeine Mann ist sie, ob sie gleich sehr schwer zu verdauen sind, die Rüssel werden vorzüglich sehr schwer verdauet.

§. 4.

Diese Nachricht leistete mir nicht im geringsten Genüge; denn ich konnte die Borsa del Mare nicht für ein besonderes Thier halten; da ich weder die Spur des Afters noch des Mundes noch Eingeweide fand, deren doch eins oder

S 3   das

thuria frondosa) genennt wird, verwechseln.   S. Müllers k. N. S. VI. Theil, 1ster Band, S. 94. und Gunners Abhandl. in den Königl. Schwed. Akadem. Abhandlungen, 29ter Band, vom Jahr 1767. S. 111.

das andere nöthig war, auch sogar zu einem Polypen-Leben. Da ich mich nachher in Neapel aufhielt, trug ich vor allen Dingen den Fischern auf, mir die Borsa del Mare sobald als möglich zu bringen; und suchte auch selbst aufmerksam am Ufer, auf dem hohen Meere und an den Klippen, ob ich sie wo entdecken könnte. Allein weder ich, noch die Fischer konnten sie finden. Aehnliche leere und an einem Ende ofne Blasen aber, wie mir nach Prag geschickt worden waren, brachten sie mir in großer Anzahl.

Am 12ten August brachte mir ein Fischer den Hundshaayn. Weil ich diesen Fisch aber nach Prag trocken schicken wollte, und mit dem Abzeichnen der Theile der Lernea beschäftiget war, so bekümmerte ich mich wenig um die innere Beschaffenheit dieses Fisches und ließ ihn den Fischer ausweiden. Nach einigen Augenblicken kam der Fischer, und rief: der Haayn hätte die Borsa gefressen, und zeigte mir zwey dergleichen Blasen, wie ich schon lange zu haben gewünscht hatte und sagte mir, er habe sie in dem Magen des Haayn gefunden.

Diese Nachricht erfreute mich sehr und ich untersuchte sogleich diese Blasen auswendig und inwendig, und sahe endlich ein, daß es nicht besondere Thiere, sondern Fisch-Eyer wären. Ich war aber ungewiß, von welchen sie waren; denn vor die Eyer eines Haayn konnte ich sie nicht halten, weil sie der Fischer in dem Magen desselben gefunden zu haben sagte. Bey dem ersten Anblick hielt ich sie für Eyer einer Gattung der Roche, weil die Eyer der Roche mit diesen Blasen in Ansehung der Figur einige Aehnlichkeit hatten. Nachdem ich aber bedachte, daß diese Blasen unverändert aus dem Körper des Haayn, welcher schon viele Stunden außer dem Meere gelebt hatte, genommen waren; so muthmaßte ich, daß es doch vielleicht die Eyer des Haayn wären. Damals bedauerte ich, daß ich nicht selbst die Zergliederung dieses Fisches vorgenommen hatte, damit ich ihre Lage und die Verbindung mit andern Eingeweiden hätte entdecken können. Ich befahl zwar, daß mir andere Haayen gebracht werden möchten, aber ich erhielt weiter keinen. Damit ich nun gewiß würde, welche meiner Meynungen wahr wäre, so suchte ich in den Schriften anderer Schriftsteller und fand, daß außer dem Aristoteles*) noch viele andere, der Eyer des kleinern Hundshaayn,**) welcher nach dem

*) S. Dessen de Historia Animal. Lib. 6. Cap. 10. die oben Seite 138. angeführten Worte.
**) Squalus Catulus, Linn. S. Nat. T. I. p. 400. das Seehündgen. Müller l. M. S. III. Th. S. 264.

dem Artedi die eilfte Gattung des Haayn ist, gedacht haben. Unter andern
schreibt Jonston *) folgendes von ihnen: Sie tragen einige Schaalen, wor=
innen ein eyerartiger Saft ist, welche der Rondeletius, in Ansehung der
Farbe und Durchsichtigkeit mit dem Horne, der Gestalt mit einem Schlaf=
küssen vergleicht. Die Schaale steht dem Schenkelbändern ähnlich und
es sind in ihr haarfeine Gänge.

Aus diesen Worten des Jonstens kann man sehen, daß sowohl ihm als
andern die Eyer des Hayfisches bekannt gewesen sind. Da aber ihre Beschrei=
bung sehr kurz und dunkel ist, so halte ich für nöthig, dieselbe deutlicher zu machen.

§. 5.

Der Körper des Eyes von dem Haayn (Taf. 11. Fig. 4.) ist also länglicht
rund und viereckigt; an dem einen Ende a. steht er weit offen, und den andern b.
ist er fast in eine enge ovale Vertiefung zusammengezogen. Beyde Enden sind
zusam=

*) S. Dessen Hist. nat. pisc. Cap. III. Art. II. Punkt. II. p. 26. die Worte sind aus
dem Rondelet ohne Zeichnung. Rondelet giebt in seiner Histor. Piscium, P. I.
pag. 380. eine gute der Zeichnung unsers Werf. ähnliche Abbildung von dem Ey des
kleinen Hundshaayn. Das Wesentliche seiner Beschreibung sagt Johnston, er=
kläret aber noch sehr gut des Aristoteles Worte; läugnet aber, daß in der Schaale
seine Haargänge gefunden würden. Aldrovand beschreibt die Eyer der Meersau,
(Squalus Galeus Linn.) und sagt, sie wären den Hünereyern ähnlich, und die Jun=
gen würden so lange davon genähret, bis sie ausgeschlossen würden; siehe Dessen de
Pisc. Lib. p. m, 389. Gesner beschreibt die Eyer aus dem Rondelet, und giebt
auch dieselbe Abbildung; doch ist des Gesners Zeichnung, besonders was die andern
Theile des Haayn anbetrift, besser. Unter den andern, die von dem Haayn geschrie=
ben haben, finde ich noch beym Willughby, in seiner Historia Piscium, Oxonii,
1686. p. 56. der Eyer des Spornbaayn, (Squalus Spinax Linn. l. c.) gedacht.
Die Weibgen, sagt er, haben unter dem Zwergfelle eine Traube von Eyern, oder
einen Eyerdotterstock. Zwey Eyer, in jeder Traube eine, werden zugleich reif, und
fallen in die Gebärmutter, die doppelt ist. Die Eyer am Eyerdotterstocke sind rund,
kleiner als die Hünereyer, ohne harte Schale, und man kann das Weisse vom Dotter
nicht unterscheiden. Von der Schale schreibt er nichts, sondern behauptet, daß die
Jungen in der Gebärmutter, aus dem Eye ausschließen. Hr. Müller führet diese
Stelle des Willughby, bey der Beschreibung des Dornhaayn (Squalus Acan=
thias Linn.) an, wohin sie aber nicht gehört; siehe Dessen t. Vl. S. 3te Th. S. 254.

zusammengedrückt, so, daß die doppelte Platte, woraus der ganze Körper des Eyes besteht, sich einander berührt und zugleich zusammen gewachsen zu seyn scheint. Der Körper c. darzwischen ist auf beyden Seiten erhaben und innerlich hohl, auf den aufgeschwollenen Rändern d. d. am breiten Ende sind schiefe Furchen, in der Mitte e. e. sind sie glatt und gegen das ausgehöhlte Ende mit einigen wenigen Streifen f. f. versehen. Ein jeder Rand verliert sich auf beyden Seiten in eine zwey und einen halben Fuß lange Saite (Chorta) g. g. g. g. Die Saiten werden auf verschiedene Art zusammengezogen; sobald die Eyer aus dem Fische herausgenommen sind, und wo sie nicht mit der Hand ausgedehnt werden, so wollen sie zusammen, vorzüglich an dem ausgeschweiften Ende des Eyes. Bey ihrem Ursprunge h. h. h. h. sind sie über eine Linie dick; nach und nach werden sie aber dünner und zuletzt sind sie kaum den sechsten Theil einer Linie in Durchmesser dick. Sie sind nach der Länge zusammengedreht, wie die Nabelschnur an einem Kinde, gelb gefärbt und durchsichtig. Sie sehen daher den Saiten, welche man, aus den Därmen der Thiere macht, sehr ähnlich. Man trift keine Höhlung in ihnen an, man mag sie, frisch oder gekocht der Quere nach zerschneiden und mit der Lupe ansehen; daher läßt sich nicht bestimmen, ob diese Saiten statt der Gefäße oder aber statt der Bänder da sind.

Die Platte, welche den Körper des Eyes ausmacht, ist nicht dicker als der vierte Theil einer Linie, jedoch ist sie stark und widersteht dem Messer; sie ist durchsichtig und hat eine gelbe Farbe wie der Bernstein. In der Mitte des Eyes ist die eine von der andern getrennt und läßt den hohlen Zwischenraum i. zurück, welcher in den Eyern, die mir nach Prag geschickt wurden, bis an das ausgeschweifte Ende ausgedehnt war; in denjenigen aber, welche der Fischer frisch aus dem Haayn genommen hatte, war er nicht so weit getheilt. In allen aber ist er weiter von den breitem Ende, als von dem vertieften Ende des Eyes entfernt. Die Höhle des Eyes wird mit einem salzigen und etwas dicken, gelblich weißen Safte angefüllt. Wenn ein solches Ey gekocht wird, so nehmen die Schaale und die Saiten statt der gelben Farbe die weiße an, werden weicher und sind unschmackhaft. Die Feuchtigkeit aber, welche in der Schaale vorhanden ist, erlangt eine größere Festigkeit, so wie der Eydotter der Vögel. Die Bildung des Körpers also, die Saiten, die Feuchtigkeit, welche in dem Meerbeutel (Barsa del Mare) der Italiener enthalten ist, und die Lage desselben in dem

Bauche

Bauche des Haayn zeigen hinlänglich, daß es kein besonderes Thier sey, wie man mich benachrichtigte, sondern daß es das Ey des Haayn sey.

§. 6.

Jedoch ist etwas von dem, dessen mein Freund gedenket, wahr; und dieses will ich hier beyfügen. Nämlich er sagt: es würden größere und kleinere Meerbeutel gefangen, und sie wären entweder schwarz oder weiß, oder gelb, oder rothbraun gefärbt; es nisteten in ihnen bisweilen kleine Fischgen, endlich würden sie vorzüglich an Ufern und an Klippen gefunden. Alles dieses kömmt mit der Wahrheit überein: Die Eyer des Haayn welche aus dem Fische selbst genommen werden, sind kleiner als die, welche mir nach Prag geschickt wurden, und die leeren Eyer, die an andern Körpern hängen, sind am größten. Die größten sind fünf Zoll lang und ein und einen halben Zoll breit.

Die Farbe derselben ist sehr verschieden, jedoch ist ihnen die bloß gelbe am natürlichsten, die übrigen sind zufällig: Denn da sie sich mit den Saiten an einen jeden Seekörper anhängen, so nehmen sie öfters die Farbe von den Körpern an, welchen sie anhängen. Man brachte mir auch die schwarze baumartige Steinkoralle des Tournefort,*) an deren Grundfläche zwey Eyer des Haayn lagen, deren äußere Seite mit dem schwarzen Safte dieses Pflanzenthiers überzogen war, ja selbst die Seiten derselben, welche den Stamm der Koralle schlangenweise umzagen, waren so gefärbt.

Es ist auch kein Zweifel, daß kleine Haayen in diesen Eyern nisten sollten; allein es kann auch leicht geschehen, daß man, außer den Jungen des Haayn, Fischgen eines andern Geschlechts bisweilen in diesen Eyern findet. Denn wenn die Frucht des Haayn, welche in dem Eye enthalten ist, diejenige Vollkommenheit aller Theile erlangt hat, daß sie außerhalb des Eyes leben kann, so stößt sie sich nach und nach durch die Schaale durch und geht aus derselben. Hierauf ist es leicht möglich, daß verschiedene Fischgen in das leere Ey hinein kriechen.

Endlich kann ich auch nicht läugnen, daß diese Eyer an Ufern und Klippen vorzüglich gefunden werden. Denn indem sie die Haayn ausleeren, können sie leicht von den See-Wellen dahin gewälzt werden.

Eilf-

---

*) Siehe Dessen Instit. rei herb. Tom. I. p. 574. Es ist nach dem Linné Gorgonia Antipathes, S. Nat. T. I. P. II. p. 1291. die schwarze Koralle. Müller L. N. S. 6ter B. 2ter Th. S. 762.

Z

Eilfter Abschnitt.

Von dem bewundernswürdigen Denkmal der Pholaden,*) an dem Ufer bey Pozzuol.

§. 1.

Weil es bey den Naturforschern noch nicht bestimmt ist, ob sich diese Muscheln in harte Steine hineinbohren, wenn sie noch weich wie Mergel oder Kreide sind;**) oder aber ob sie nur in diejenigen Steine kriechen, in welchen Löcher durchs Meer-Wasser oder eine andere Gewalt gebildet sind?***) Oder ob

*) Pholas, *Linn.* S. N. Tom. I. P. II. p. 1110. Pholaden. Müller L. N. S. 6ter Th. 1. B. Seit. 210. Die Italiäner nennen sie Dattelo del mare. Außerdem haben sie noch sehr viele Namen erhalten; Die Franzosen nennen sie: Dattes, Pirauts, Vers à coquilles, Pholades, Pelorides, Palourdes, Dails. Im Deutschen werden sie auch Meerdatteln, Muschelthiere, große Gienmuscheln bisweilen genennt. Man muß sie aber wohl von den Meereicheln, (Lepas,) die auch Meerdatteln bey einigen heißen, unterscheiden. Ihre Kennzeichen sind: die aus zwey von einander klaffenden Klappen bestehende Schaale, an deren Schlosse noch einige Nebenschaalen, von verschiedener Gestalt, befindlich sind. Das Schloß ist zurück gebogen, und mit den Schaalen durch einen Knorpel verbunden. Das Thier dieser Schaalen kömmt denen oben beschriebenen Seescheiden nahe; siehe Müller a. a. O.

**) Dieser Meynung ist Lister. Er sagt, sie liegen in den Löchern eines kreidenartigen Steins, von ihrer Entstehung an; denn sie können nicht aus dem Steine herausgenommen werden, man müsse ihn denn erst zerbrechen. Die Löcher machen sie in einen weichen Steine, der leichtlich durchbohret werden kann; und sie sind an einer Seite offen, an der andern verschlossen; sie sind eyförmig, wie die Muschel selbst. Die Länge der größern Löcher beträgt zwey Zoll, und die Breite etwas mehr als einen halben Zoll. Siehe Dessen Buch de Cochleis Angliae et terrestribus et fluviatilibus, Lond. 1678. p. 172.

***) Rondeletius scheint dieser Meynung zu seyn: die Pholaden, heißt es daselbst, liegen so in den Steinen, daß sie von denselben bedeckt, und nur durch ein kleines loch, welches kaum sichtbar ist, vom Wasser genähret werden. Die Steine, worin-

nen

ob das Thier selbst, welches die Muschel bewohnt, sich diese harten Wohnungen bereitet, um in ihnen sicher verborgen zu liegen, wie Valisnier*) glaubt; so wird es, glaube ich, nicht unangenehm seyn, wenn ich hier eine besondere Erscheinung anführe, woraus erhellet, daß das Thier selbst die Löcher in den härtesten Steinen aushöhle.

§. 2.

Als ich sehr oft nach Pozzuolo reisete, theils der natürlichen Seekörper, theils der Alterthümer wegen, und in den sehr alten Tempel des Serapidis geführt

T 2   wurde;

---

nen sie liegen, sind hart. Einige glauben, daß sie in Steinen, die durch das salzige Wasser ausgehöhlt worden, entspringen; andere sagen, sie würden in dem Schme, der in den Hölen der Steine zusammen gehäuft ist, hervorgebracht. Ich glaube, daß sie in den Hölen der Steine, die entweder von Natur, oder durch Gewalt entstanden sind, durch das Wasser erzeugt, (aquae marinae appulfu procreari,) und in Muscheln verwandelt werden, welche die Gestalt der Höhle annehmen. Arbendus ist, nach Rondelets Meynung, der erste, der dieser Pholaden gedenkt. Er leitet das Wort φωλὰς von φωλεύω ab, welches verborgen seyn bedeutet.

*) Siehe Dessen Opere fisico mediche, Tom. I. p. 81. Dieser Meynung sind jetzt fast die mehresten Schriftsteller. Besonders merkwürdig ist hiervon die Abhandlung des Hrn. Reaumurs, wovon wir hier das wichtigste anführen. Die Gestalt der Löcher ist einem abgestumpften Kegel ähnlich, sie gehen etwas schief in den Stein, doch ist ihre Richtung nicht gewiß. Die Bewegung der Pholaden ist wahrscheinlicher weise sehr langsam; so wie das Thier wächst, bohrt es sich auch sein loch, und geht tiefer in den Stein. Der Theil, womit das Thier bohrt, ist fleischern, und liegt nahe an dem untern Ende des Schaalthiers, er ist rautenförmig und in Ansehung des übrigen Körpers stark. Man darf sich wundern, daß dieser weiche Theil in einen harten Stein bohren kann, denn die Arbeit geht sehr langsam. Ich habe es selbst gesehen, daß die Pholaden mit dem benlemten Theil bohren, als ich sie auf weichen Thon legte, da sie sich bald darein ein loch bohrten. Uebrigens behauptet Reaumur, daß sie sich in den weichen Stein einbohren, und daß dieser härter würde, wenn die Muschel sich durchbohrt hätte. Siehe ein mehreres hiervon in den Mémoires de l'Academie royale des Sciences, 1712. à Paris, 1715. p. 163. Linne ist derselben Meynung; er sagt: die Pholaden bohren, nagen und bewohnen die kalkartigen Seefelsen, auch die Sandsteine, und kriechen in ihnen. Hr. Müller behauptet, daß sie dieses durch ihre eigene, ätzende und steinbrechende Feuchtigkeit thun, und daß sich der Stein zu einem Mehl auflöse. S. a. a. O. S. 211.

wurde; fah ich unter den übrigen marmornen Ruinen und Denkmälern, viele sehr ansehnliche Säulen von Marmor, welchen die Italiener Cepolino nennen, auf gerichtet. Diese Säulen setzten mich nicht sowohl wegen ihres Alterthums, als besonders, wegen ihrer Beschaffenheit in Verwunderung; denn als ich näher an sie herankam, bemerkte ich, daß sie ohngefähr drey Fuß hoch, überall durchbohret und voller Pholaden wären.*)

§. 3.

Es ist wider die gesunde Vernunft, wenn man annehmen wollte, daß die Alten diese mit unzähligen Löchern durchbohrte und mit Pholaden angefüllte Säulen aufgerichtet hätten. Daher kann man richtig schlüßen: Daß erstlich das Meer an den nämlichen Orte, wo jetzt der Tempel der Serapidis ist, ehemals nicht gewesen sey; zweytens, daß dieses Meer zu einer gewissen Zeit so hoch, wie die Seedatteln in den Säulen anzeigen, angeschwollen und nach einiger Zeit wiederum gefallen sey: endlich, daß die Pholaden auch in den glatten Steinen selbst Löcher aushöhlen, damit sie in denselben sicher verborgen seyn können. Ich kann

*) Der mit wahren Beobachtungsgeiste reisende Ferber hat dieses alten Denkmals auch Erwähnung gethan. Dieser schöne alte Tempel, sagt er, liegt nicht weit von dem jetzigen Ufer der See, wo er nicht lange her von der vulkanischen Asche entblößt worden, mit welcher er bedeckt und verschüttet war. Daselbst sind drey hohe Säulen von weißgrauen antiquen Marmor, noch in ihrer ausgänglichen Stellung, aufgerichtet gefunden worden. Selbige sind an der Mitte ihrer Höhe, welche 9 Pariser Fuß über die jetzige Oberfläche des Meers erhoben ist, ein oder zwey Querhände breit von den Pholaden stark angefressen, deren Schalen noch in vielen der von ihnen dicht an einander gefressenen Löcher übrig sind. Ueber und unter diesem Fleck, rings um diese drey Säulen, ist keine Spur solcher Löcher zu sehen. Da sich nun diese Thiere just in der Oberfläche des Meeres aufhalten, so folgt, das Meer müsse einmal 9 Pariser Fuß höher, als jetzt gestanden haben. An ein paar zerbrochenen Stücken von andern Säulen dieses Tempels, die unter dem Schutt herum liegen, waren auch einige wenige Löcher von Pholaden gefressen; sonst aber nirgends im ganzen Tempel. Siehe Joh. Jakob Ferbers Briefe aus Wälschland über natürliche Merkwürdigkeiten dieses Landes, Prag, 1773. Seit. 197. u. f. Hr. Guettard hat diese Merkwürdigkeit auch in seinen Mémoires sur differentes parties des Sciences & des Arts, Tom. I. à Paris, 1768. 4. pag. 370. beschrieben.

kann aber nicht aus eigener Beobachtung, wie sie dieses bewerkstelligen, bestimmen, weil ich niemals dergleichen Muscheln lebendig habe bekommen können. Inzwischen glaube ich, daß dieses Thier diese Arbeit theils mit dem Rüssel, theils aber mit der Schaale selbst verrichte. Das erstere muthmaße ich aus der Aehnlichkeit mit dem Holzbohrer,*) welcher mit seinen Rüssel das Holz auf eine wunderbare Art nagt und durchbohrt, wie Selle**) weitläuftig bewiesen hat und Kähler***) zeigt, daß der Steinbohrer an den Steinen eben dieses thue. Daß aber die Schaale der Pholaden zur Durchbohrung der Steine etwas beytrage, dieses zeigt der stumpfe und etwas dicke Rand derselben an.

*) *Teredo navalis, Linn.* S. N. Tom. I. P. II. p. 1267. Müllers l. N. S. 6ter Th. 1. B. S. 631. Das Thier ist dem unten zu beschreibenden Steinbohrer ähnlich, hat zwey kalchartige halbrunde Kinnladen, die vorne ausgeschnitten und unten eckigt sind. Die Schaale ist eine ausgedehnte walzenförmige gebogene Röhre, welche durch das Holz mit dem Thiere dringt.

**) *Godofredi Sellii* Historia naturalis teredinis seu Xylophagi marini, Trajecti ad Rhenum, 1733. 4. mit guten Abbildungen.

***) S. der Königl. Schwed. Akademie der Wissenschaften Abhandlungen aus der Naturlehre ꝛc. vom Jahr 1754. 16ter Band, Seit. 143. Linné nennt das Thier Terebella lapidaria; siehe S. N. Tom. I. P. II. p. 1092. Müller a. a. O. S. 100. Der Körper ist fast einen Zoll lang, fadenförmig, überall roth. Der Mund sitzt an der untern Seite, und besteht aus einer fast runden Oeffnung, welche von zwo Lippen gemacht wird. An den Seiten der Oeffnungen befinden sich zwey, auch drey kurze Zungen. Um den Kopf sitzen sieben, acht, zuweilen funfzehn, weißliche, ungleich lange, fasernförmige Fühlfaden, an einem Ringe, welcher den Kopf und Körper unterscheidet. Der Rücken ist erhaben, glatt. Die Seiten sind gefaltet. An der vierten oder fünften sitzen ästige Arme, die mit dem Thiere von gleicher Farbe und steinigtem Wesen sind, und welche das Thier zuweilen rührt.

Zwölf-

●○○●○○○○○○○○○○○○○○○○●○○○○○●○○○○○○○●○●○○○○○○●●

Zwölfter Abschnitt.
Von den Eyern des Dintenfisches.

§. 1.

Jm Jahre 1752. erschien meine Streitschrift: Von den Eyern der Blackfische; welche ich, wie aus der Vorrede dieses Buches erhellet, damals
nicht anders bearbeiten konnte. Die kurz darauf von Hrn. Rozemann' ange-
stellten Beobachtungen haben mich gelehret, daß die von mir beschriebenen Eyer,
die Eyer des Dintenfisches sind. Mein eigener im Jahre 1757. am neapolitanischen Ufer gemachter Versuch hat mich in dieser Meynung bestärket. Ich
bedauerte daher meine verlohrene Arbeit sehr; und damit die Streitschrift von den
Eyern der Blackfische nicht gänzlich verlohren gienge, so habe ich mir vorgenommen, sie hier verbessert und verkürzt bekannt zu machen.

§. 2.

Als ich im Jahre 1750. den 27sten des Brachmonats am Ufer nahe bey
Schevlingen umher gieng, stieß ich auf einen gallertartigen Körper, welchen ich
noch nie vorher gesehen hatte. Ich untersuchte ihn sogleich; konnte aber nach
genauer Betrachtung aller seiner Theile nichts von ihrer Beschaffenheit mit der
Lupe, vielweniger mit dem bloßen Auge erkennen. Jedoch muthmaßte ich beym
ersten Anblick, daß es Eyer eines Fisches wären. Ich nahm ihn darauf mit nach
Leiden, wohin ich den Tag darauf abreisete, um die gelehrten Naturforscher
daselbst um Rath zu fragen. Hr. Johann Friedrich Gronov, den ich darum
fragte, sagte, dieser Körper werde von dem Linne' Medusa genennt, gemeiniglich aber nenne man ihn See-Würmer. Die Beschaffenheit dieses gallertartigen Körpers verhinderte seinen Worten zu glauben, und ich besuchte daher
das Meer sehr oft, bis ich am 29sten Julius von ohngefähr einen großen Haufen
von einem solchen gallertartigen Körper fand, wo ich zu meinem Vergnügen mit
bloßen Augen die Jungen des Dintenfisches sahe.

§. 3.

An dem Ufer von Holland findet man allenthalben, in einem Zwischenraum
von tausend, hundert, zwanzig und zehen Schritten eine ganze Menge gallert-
artiger

artiger Käßgen, welche durch ein gemeinschaftliches Band verbunden sind. Diese Käßgen sind von den Meeres-Wellen herausgeworfene Eyer des Dintenfisches. Ich brauche hier ein aus der Botanik entlehntes Wort, weil die Aehnlichkeit der Figur sowohl, als auch der Verrichtung, welche zwischen diesen walzenförmigen Eyerstöcken und den Käßgen der Blumen ist, mich dazu berechtiget. Denn wie die Käßgen an den Bäumen, welche aus sehr vielen männlichen Blüthen bestehen, indem sie die weiblichen Blüthen befruchten, sehr viel zur Hervorbringung der Früchte beytragen, so bringen auch jene gallertartigen Käßgen, welche von dem Männgen des Dintenfisches befruchtet sind, mit der Zeit unzählige Jungen hervor.*) Auch die besondere Struktur dieser Eyer, die ganz anders als in andern Fischen ist, befreyet mich von allem Tadel.

Ich bediene mich ferner dieses Namens, um mich deutlicher und bestimmter auszudrucken, da an so einem Käßgen mehr als hundert Eyer hängen, und ich dieses also nicht mit dem gemeinen Namen Ey belegen kann.

Die Haufen (Taf. 12. Fig. 1.) dieser Käßgen sind von verschiedener Größe; einige sind acht Zoll lang und breit; andere aber einen Fuß und einige zwey Fuß lang. Die Größe des ganzen Haufens ist in Ansehung der größern und kleinern Anzahl der Käßgen und in Ansehung der vermehrten und verminderten Größe derselben verschieden. Denn je näher diese Käßgen der Reife sind, desto größer sind sie auch; so, daß diejenigen, wo keine junge Brut sichtbar ist, kleiner sind, als diejenigen, welche schon vollkommene Junge enthalten.

§. 4.

Ob ein Dintenfisch eine größere Anzahl von Käßgen, als der andere lege, kann ich nicht gewiß versichern, da die Eyer des Dintenfisches, wie ich öfters ge=

*) Hierinnen scheint mir nicht die Aehnlichkeit zu bestehen. Denn die männlichen Käßgen befruchten andere ähnliche weibliche Blüten, und dieses thun sie nicht wegen ihrer Gestalt; sondern vermöge der Kraft des Blumenstaubes, dessen Behälter, die Staubbeutel nur mit ihren Faden auf den Käßgen, als auf einem gemeinschaftlichen Boden ruhen. Und bey den Käßgen der Dintenfischerey werden auch nur die einzeln Eyer befruchtet. Vielmehr scheint darinnen die Aehnlichkeit zu bestehen, daß beyde, sowohl die Käßgen der Bäume, als der Dintenfischeyer, die zur Erzeugung des Saamens und der Jungen erforderlichen Grundtheile, gemeinschaftlich zusammen halten.

gesehen habe, eine Nahrung der See-Vögel *) sind; folglich ist der Haufen kleiner, von welchen die Vögel viel gefressen haben, derjenige aber größer, welcher den Vögeln entgangen ist. Jedoch glaube ich, daß ein Dintenfisch fruchtbarer ist, als der andere, und auch einen größern Haufen Kätzgen auswirft; theils, weil unter den übrigen Thieren, nicht einmal das menschliche Geschlecht ausgenommen, einige fruchtbarer sind, als die andern; theils, weil ich einige ganze Haufen gefunden habe, an welchen keine Spur von einem Bisse oder einer Zerreißung war, und welche doch weit kleiner waren, als andere, von denen die Vögel schon einige Kätzgen verschlungen hatten. Der auf der zwölften Tafel abgezeichnete Haufen ist ein ganzer und war acht Zoll lang.

Dergleichen Haufen sind auch in Ansehung der Farbe unterschieden; einige sind gelblicht roth, andere durchsichtig und hell, andere von hyazinthrother Farbe. Die Verschiedenheit dieser Farben hängt von der Zeit ab, zu welcher diese Haufen sind erzeugt worden. Denn diejenigen, welche seit kurzer Zeit erst hervorgekommen sind, sehen gelblichtroth und enthalten außer einem schleimigten Saft nichts in sich. Diejenigen, welche ein wenig länger außerhalb der Gebärmutter des Dintenfisches liegen, sind hell und man sieht eine dunkle Gestalt des Thiergen in ihnen. Diejenigen aber, worinnen schon ein vollkommener Dintenfisch ist, verwandeln ihre helle Farbe in die himmelblaue. Ich habe niemals ganz frisch gelegte gesehen, die ich wegen ihrer kleinen Gestalt gewiß vor allen andern leicht erkannt haben würde. Jedoch glaube ich, daß sie mit scharlachrothen Flecken bemerkt sind, wie sie Needham *) in der Gebärmutter des Dintenfisches

---

*) Diese Vögel sind der Austernfresser, (Haematopus Ostralegus Linn.) Syst. Nat. p. 257. Müller i. R. S, 2ter Th. S. 424. Eine gute Abbildung davon sehe man in Seligmanns Abbildung der Vögel, 4ter Theil, 70, Tafel; und die See-möven, Larus marinus Linn. l. c. 224. u. f. w.

*) Siehe Dessen Nouvelles Observations microscopiques &c. p. 40. Im Unterleibe des Dintenfisches liegen einige häutige Säcke, die mit einer klebrichten Materie erfüllt waren; in denen war der Roggen des Thiers enthalten. Mit dem bloßen Auge sahe man nichts als kleine schön karmoisinrothe Flecke. Mit dem Mikroscop konnte man Eyer von verschiedener Größe unterscheiden. Die Eyer des Dintenfisches waren alle länglich, aber einige waren dreymal länger, als die andern. In einigen

habe

tenfisches beobachtet hat.   Sie mögen nun aber mit einer Farbe, mit der sie nur
wollen, gefärbt seyn, so sind sie allezeit durchsichtig, so, daß man das innen enthaltene leicht sehen kann.

§. 5.

Alle Kätzgen hängen mit einander vermittelst eines gemeinschaftlichen gallertartigen Bandes zusammen, welches so steif ist, daß es auch mit der größten Gewalt nicht kann getrennt werden.   Ich nenne es ein gemeinschaftliches Band,
weil ein jedes Kätzgen auch mit einem eigenen versehen ist, wovon ich weiter unten reden werde.   Das gemeinschaftliche Band pflegt gemeiniglich eben so wie
die Kätzgen gefärbt zu seyn, welche es verbindet; in denen aber, welche himmelblau und durchscheinend sind, fällt es etwas ins Schwarze.   Es ist unregelmäßig
gestaltet, mehr breit, als rund und kaum einen Zoll breit.   Da, wo zwey Kätzgen
mit einander verbunden sind, läßt es eine Vertiefung zurück, oder bildet vielmehr
einen Bogen.   Wenn man einen Haufen Kätzgen, der am Ufer liegt, betrachtet,
so erblickt man nichts von dem gemeinschaftlichen Bande; denn die Kätzgen sind
so genau mit einander verbunden, daß das ganze Band von dem eigenen Körper
verdeckt wird.   Wenn man aber einen ganzen solchen Haufen aufhebt und an
den Finger hängt, alsdenn sieht man erst dieses Band.

§. 6.

Ein jedes Kätzgen ist mit einer eigenen, sehr dünnen Haut umgeben, welche
bald durchsichtig, bald gelblichroth ist, bald auch himmelblau ansieht.   Diese wird
auf der inwendigen Fläche in sehr viele Zellen getheilt, die nicht mit einander vereiniget sind; eine jede Zelle ist mit einem durchsichtigen Safte angefüllt, welcher
salzig und dem gläsernen Körper der Augen der Dichtigkeit nach nicht unähnlich
ist.   In diesem schwimmt ein weißlichtes rundes Körpergen, welches mit der Zeit
ein Dintenfisch wird.   Ich muß hier anmerken, daß ich einen Haufen Kätzgen
beschreibe, welcher schon einige Zeitlang außerhalb der Gebärmutter des Dintenfisches gelegen hat; denn wenn er noch frisch ist, so sieht man in ihm nichts, als
den

habe ich Strahlen oder einige Nefte gesehen, welche zeigten, daß sich die jungen Thiere
schon hatten bilden wollen.   In einem andern Weibgen des Dintenfisches waren
diese Säcke viel größer geworden.   Siehe auch die Uebersetzung dieser merkwürdigen
Abhandlung des Hrn. Needham, vom Hrn. Pastor Götze, in den Berlinischen
Sammlungen, 7ter Band, S. 358. u. f.

U

den vorbenannten Saft. Von dieser Art habe ich viele zu Anfange des Heu- monats gefunden, so auch einige, in welchen das weißlichte Körpergen schon ent- halten war. Jedoch habe ich in beyden nichts deutliches unterscheiden können, bis ich am 29sten des Heumonats solche Haufen fand, in welchen die Jungen des Dintenfisches schon so weit gebildet waren, daß sie von einem jeden, welcher iemals diesen Fisch gesehen hat, konnten leicht erkannt werden.

§. 7.

Ich habe nur ein einfaches Kätzgen, wo man die Gestalt des Dintenfisches deutlich sieht, abgezeichnet, weil die anfangenden Keime in einem einzeln Kätzgen deutlicher zu sehen sind, als wenn mehrere Schichten der Kätzgen über einander liegen; indem diese noch nicht deutlich können ausgedrückt werden; zumal wenn ich den Haufen hätte abzeichnen wollen, wovon ich nur ein einfaches Kätzgen ab- gebildet habe. Denn dieser war drey Fuß lang und zwey Fuß breit, und die Schichten der Kätzgen konnten wegen ihrer besondern Zusammendrehung und Lage kaum gezählt werden. Mit vieler Gebuld aber zählte ich doch fünfhundert acht und sechzig Kätzgen, in jedem Kätzgen aber, deren ich auf zehen zerschnitten habe, waren siebenzig Junge. Wenn man nun annehmen wollte, daß ein jedes Kätzgen so viel Junge enthielte, so folgte hieraus, daß ein Dintenfisch 39760. Junge hervorbringen könnte. Man könnte mit mehrerm Rechte das von dem Dintenfische sagen, was Bossuet*) von der Roche sagt, daß die Natur bey Hervorbringung derselben mit ihren Reichthümern zu prahlen scheine.

Jedoch will ich hierdurch nicht behaupten, daß alle Haufen aus eben so viel Kätzgen bestehen sollten. Denn bey einigen hängen dreyhundert an einem Ban- de, andre aber bestehen aus zweyhundert und funfzig Kätzgen, einige endlich ent- halten hundert und siebenzig und noch etliche mehr. Der Haufen, welcher Taf. 12. Fig. 1. abgezeichnet ist, hat an der Zahl achtzig Kätzgen, deren jedes drey und einen halben Zoll lang ist. Das auf der zweeten Figur abgebildete Kätzgen aber ist fünf Zoll und drey Linien lang.

§. 8.

*) Siehe Dessen Buch de Natura Aquatilium, Fol. 140.
　　Si quisquam Reise nusquam conspexerit oua
　　Dirigat huc oculorum ille suorum aciem
　　Nam foecunda parens Raiis natura creandis
　　Ostentauit opes laeta subinde suis.

§. 8.

Als ich dieses Kätzgen (Fig. 2.) von dem Haufen mit den Fingern lösen wollte, um die darinnen enthaltenen Jungen nicht zu verletzen, so konnte ich dieses nicht bewerkstelligen, ohne einen großen Theil des gemeinschaftlichen Bandes zu zerreißen. Ich versuchte es noch öfters mit der nämlichen Sorgfalt, jedoch allezeit mit unglücklichem Erfolge, bis ich einen Theil des Bandes, welcher dem Bläsgen des Kätzgens nahe war, nicht so sehr drückte und nicht besorgt war, ob ich den Eyern Schaden zufügte; alsdann sonderte ich nichts von dem allgemeinen Bande ab, sondern ich machte alle Bläsgen, oder die Eyer, von dem Bande, welches dem Kätzgen eigen ist, ohne viele Mühe los, so, daß es mit seiner starken Federkraft zurück sprang; die Bläsgen aber behielten den Saft und die in ihm schwimmenden Jungen b. b. b. bey sich. Dieses Band dient also dazu, daß die Eyer, (§. 6.) welche an demselben hängen, fester stehen, und nicht leicht durch die Wellen von einander getrennt werden. Denn die Haut der Bläsgen ist so zart, daß sie auch durch die geringste Gewalt zerrissen wird. Dennoch gehet, wenn diese zerrissen ist, kein Saft aus dem nächsten Bläsgen heraus, vielweniger das Junge. Hieraus sieht man, daß diese Bläsgen, wenn das Band weggenommen ist, ganz bleiben.

Auf folgende Art bemerkte ich, daß, wenn ein Bläsgen gesprungen ist, nichts aus dem andern herausfließe. Ich schnitt ein Bläsgen an dem Kätzgen auf, hierauf sprang das darinnen enthaltene Junge schnell hervor, ich nahm dieses hernach ganz und gar heraus und befreyte das Bläsgen von dem Safte, in welchem das Junge schwamm, alsdann drückte ich das nächste Bläsgen mit dem Finger ganz schwach, es gieng aber aus demselben weder der Saft noch das Junge heraus: woraus erhellet, daß ein jedes Junges mit einer eigenen Haut umgeben wird, und daß ein jedes Bläsgen ein wahres Ey des Dintenfisches sey. Da nun aber siebenzig solche Bläsgen oder eben so viel Eyer an einem einzigen Kätzgen gezählt werden, so sieht man hieraus, warum ich diese Zusammenkettung von Bläsgen lieber ein Kätzgen, als ein Ey genennet habe.

§. 9.

Als ich das eigene Band, welches vermöge seiner Federkraft ganz zusammen gezogen war, ausdehnte, so kamen verschiedene Lücken (Fig. 3.) zum Vorschein, welche ich für Spuren von dem Ansetzen der Bläsgen hielt. Diese Spu-

ren

ren aber sind geringe kreisförmige Vertiefungen, welche das Band umgeben. Uebrigens ist das eigene Band von dem gemeinschaftlichen nicht unterschieden, ohne nur darinne, daß dieses zäher ist; übrigens ist es durchsichtig, und theils weiß, theils himmelblau, wie das gemeinschaftliche. *)

§. 10.

Wie bey allen Thieren, die viele Jungen gebähren, diese in Ansehung der Größe verschieden sind, so sind auch die Keime des Dintenfisches in einem und eben demselben Käggen von verschiedener Größe; ob man gleich die Verschiedenheit kaum mit dem bloßen Auge bemerken kann. Jedoch kann man den Unterschied der Größe sehr leicht daraus erkennen, daß die kleinern Dintenfische ein weißes Körpergen mit ihren Armen umfassen, die größern aber mit bloßen Armen in ihren Bläsgen liegen.

Bey dem ersten Anblicke glaubte ich, daß dieses weiße Körpergen der Mutterkuchen wäre, vorzüglich deswegen, weil ich mehrere ähnliche Dintenfische aus dem Eye hervornahm, ohne daß dieses Körpergen von ihnen getrennet wurde. Als ich nachher die Eyer der Vögel mit den Eyern des Dintenfisches verglich, so kam ich auf eine andere Meynung, nämlich, daß diese Körpergen eben das wären, was der Dotter der Vögel ist, und auch eben den Nutzen habe.

§. 11.

Die Jungen des Dintenfisches sehen sehr prächtig aus, sie sind ihrer Substanz nach weich und weißlicht, wie das Mark des Gehirns, auswendig mit scharlachrothen Punkten bezeichnet. Ihr ganzer Körper, die Arme mitgenommen, ist drey Linien lang und eine breit. Er ist walzenförmig (Fig. 4.) und an dem einen Ende a. oder an dem Schwanze stumpf, an dem andern Ende oder am Kopfe b. abgestumpft, wenn man nämlich die Arme nicht rechnet. Am Kopfe entstehen zwischen zween Herfürragungen Augen c. c. zwey Arme, welche eine halbe Linie lang d. d. und auch mit scharlachrothen Punkten bezeichnet sind. Die Punkte, wenn sie mit der Lupe betrachtet werden, sind eben so viel feine Näpfgen, die

an

*) Von den Alten hat Rondeletius ganz kürzlich der Eyer des Dintenfisches Erwähnung gethan: Der Dintenfisch, sagt er, legt mit einander verbundene Eyer, wie der Blackfisch; aber nicht am Ufer, sondern in dem tiefen Meere: daher findet man die Eyer des Dintenfisches so selten. Siehe Dessen de Piscib. Lib. XVII. P. I. pag. 508.

an den Armen der ältern Dintenfische auch größer sind. Außer diesen Armen, oder Rüsseln findet man keine Spuren von Füßen.

§. 12.

An den Dintenfischen, die noch in den Bläsgen enthalten sind, habe ich keine eigne Bewegung bemerken können: Denn ob ich gleich einmal, als ich wiederum einige Käßgen an dem allgemeinen Bande getrennet hatte, die Thiergen darinnen schwimmen sah, so rührte doch diese Bewegung von der Bewegung meiner Hand her. Denn als ich dieselben Käßgen auf die Erde setzte, so bemerkte ich doch, aller Aufmerksamkeit, die ich eine Stunde lang fortsetzte, ohnerachtet, keine Bewegung an ihnen. Dieses wurde dadurch bestätiget: daß sich die Jungen des Dintenfisches, so oft ich entweder dieselben oder andere Käßgen mit der Hand berührte, oder durch einen leichten Stoß bewegte, in ihrem Safte hin und her bewegten, und wieder ruhig lagen, so oft ich die Käßgen auf der Erde in Ruhe ließ.

Wenn aber jemand diese Jungen für todt halten wollte, weil ich sie am Ufer an einem trockenen Orte gefunden habe, und behauptete, daß diejenigen, welche im Grunde des Meeres, als in der andern Gebärmutter liegen, Bewegung besitzen könnten so überlege dieser, daß die am Ufer liegenden Haufen von dem Meerwasser bespült werden; daß daher die Käßgen aller sechs Stunden einen Theil Seewasser einsaugen, welcher mir hinlänglich zu seyn scheint, um das Leben dieser Thiergen sechs Stunden lang, so lange sich nämlich das Meer von dem Ufer entfernt, zu erhalten.

Ein Beweis, daß diese Käßgen das Seewasser einsaugen, ist das Wachsthum derselben; denn die Haufen werden gewiß von der Mutter so klein gelegt, daß sie hernach größer wachsen können. Dieses könnte nicht geschehen, wofern nicht auswendig durch die Haut der Käßgen etwas hinzukäme und die Bläsgen beständig ausfüllte. Außerdem erhalten auch andere Seeinsekten, welche sich in gallertartigen Bläsgen aufhalten, ihr Leben und die Bewegung sehr lange, ob sie gleich mit keinen Seewasser besprenge werden. So habe ich in einer Gattung eines Meergrases, welches Tournefort die See-Eiche mit den aufge-schwollenen Spitzen der Blätter*) nennet, wenn ich nicht irre, Rüsselkäfer gefunden, welche in den, mit einem grünlicht gelben klebrichten Safte angefüllten Bläsgen, sich sehr munter bewegten, ob sie gleich schon zwölf Tage von dem

Ll 3   Meere

*) Fucus vesiculosus *Linn.* Spec. Plant. II. p. 1626.

Meere entfernt lebten.*) Denn als ich aus Frankreich nach England abreisete, nahm ich am Ufer von Calais unter andern Meergräsern einige Aestgen von der See-Eiche mit nach London und hier öfnete ich den zehnten Tag nach meiner Ankunft die aufgeschwollenen Enden der See-Eiche und fand, daß sich die Thiergen noch bewegten. Hieraus erhellet, daß diese kleinen Thiergen lange genug durch die zu bloßen klebrichten Saft, worinne das wässerrichte länger zurückgehalten wird, ernähret werden können, ob gleich kein neues frisches Wasser hinzu kömmt.

§. 13.

Es ist ein fast allgemein angenommener Grundsatz, daß die Natur in allen auf gleiche Art handle. Durch diesen Satz sind die meisten Geheimnisse der Natur entdeckt worden und werden auch noch entdeckt, wiewohl man zu Erklärung derselben verschiedene, und öfters sich widersprechende Hypothesen annimmt. So hat Grew**) und Malpigh***) die Schläuche, Luftröhren und Spiralfasern in den Pflanzen gefunden, auf diese Art hat Leuwenhoek†) in dem menschlichen Saamen kleine Aelgen, als eben so viel kleine Menschen gesehen, weil er ähnliche Aelgen in dem Saamen anderer Thiere und in andern Feuchtigkeiten vorher

*) Es ist keine Art Rüsselkäfer (Curculio) bekannt, die sich sollten an einem Meergrase aufhalten.

**) Er hat seine Beobachtungen zuerst bekannt gemacht in The comparative Anatomy of trunks &c. by *Nehemiah Grew*, London, 1675. 8. Hernach finden sie sich auch in Dessen großem Werke: The Anatomy of Plants, Lond. 1682. fol.

***) Siehe Dessen Opera, P. I. de Anatome plantarum. Unterdessen leidet die Meynung der angeführten Schriftsteller, daß diese Schläuche besonders luftröhren wären, noch viele Ausnahmen, und lassen sich viele Zweifel darwider einwenden. Man sehe hierüber *Ludwig* Institut. regni vegetabilis, und *Georg. Christ. Reichel* Diss. de vasis plantarum spirabibus, Lips. 1755. 4.

†) Siehe Dessen Arcana naturae detecta. Auch diese Meynung wird billig von den mehresten verworfen. Die höchst verschiedenen Meynungen der Naturforscher über die Erzeugung, findet man gesammelt und beurtheilt in des Hrn. von Hallers Physiologie. Die größtentheils angenommene Erklärung führt *Linne* in einer Streitschrift: de Generatione ambigena, an, die sich in den Amoenit. academ. VI. Band, S. 1. u. f. findet. Hr. Otto Friedr. Müller führt in der Vorrede zu seiner Historia Vermium, eine neue Erklärung der Zeugung an, die nachgelesen und genauer geprüfet zu werden verdienet.

vorher gesehen hatte. Neuerlich glaubte Needham,[*] daß diese Aelgen deswegen organische Maschinen wären, weil er in dem Saamen des Dintenfisches die benannten Würmergen oder Aelgen bloß als organische Körper gefunden hat.

Dieser Grundsatz aber leidet einige Einschränkung, wie aus dem, was folget, deutlich ist.

Ich suchte durch Hülfe dieses Grundsatzes eine Aehnlichkeit zwischen den Eyern des Dintenfisches und der Vögel zu finden. Ich setzte daher einige mit Jungen beschwängerte Kätzgen in siedendes Wasser, welche in diesem eine viertel Stunde lang kochten. Nachdem untersuchte ich, ob der Saft, in welchem die Jungen schwammen, so wie das Eyweiß von Hühnern oder einem andern Vogel zusammengeronnen wäre; es war aber flüßig, so wie vorher. Als ich dieses bemerkt hatte, glaubte ich, es würde vielleicht nur längere Zeit, den Saft zu verhärten, erfordert. Ich ließ daher eben diese Kätzgen noch drey viertel Stunden aufkochen; allein auch nach dieser verflossenen Zeit fand ich diesen Saft unverändert. Aber das kann ich nicht übergehen, daß ich auch bey der ersten Zeit des Aufkochens bemerkt habe, daß die Dintenfische, welche in dem Safte des Eyes schwammen, theils in eine dunkle Fig. 5. theils in eine weiße Kugel verwandelt wurden, in welcher dunkle Spuren des Thiergens zurück blieben. Kann also hier wohl jemand sagen, daß die Natur gleichförmig wirke? Ich vermuthete ganz gewiß, daß der in dem Blägen enthaltene Saft gerinnen würde; allein, nach angestelltem Versuche, sah ich, daß ich geirrt hatte.

§. 14.

Nachdem ich nunmehro die Eyer des Dintenfisches betrachtet habe, so will ich benachrichtigen, wie der Saft in den Eyern des Blackfisches, welcher Seetraube[**] genennt wird, beschaffen sey. So lange man noch nichts von den Jungen

[*] Siehe Dessen oben angeführte Nouvelles Observations, S. 53. und auch die Berliner Sammlungen, VII. B. S. 461. Seine ganze Theorie hat er weiter ausgeführt in den Observations sur la génération, la composition et la decomposition des substances animales et vegetales, p. 145. a. a. O.

[**] Die Eyer des Blackfisches sind mehr bekannt, als die von unserm Verf. beschriebenen Eyer des Dintenfisches; Rondeletius, und die oft angeführten Schriftsteller, haben sie nach demselben beschrieben und abgebildet. S. Rondeletii Histor. Pisc. Lib. XVII. pag. 504. Aristoteles hat sie im 5ten Buch, 18. Kap. de Historia Animal.

gen in dem Eye siehet; ist der Saft mit einer doppelten schwarzen Haut umgeben, welche sehr dicht, einer Gallerte ähnlich und undurchsichtig ist. Sobald sich aber die Gestalt des Jungen auszubilden anfängt, so wird der Saft heller, ja so helle, daß er dem gläsernen Körper der Augen auch in Ansehung der Festigkeit gleich kömmt, bis alle Theile der kleinen Blackfische vollkommen sind. Diese Veränderung des Safts scheint deswegen zu geschehen, damit sich der kleine Blackfisch in ihm vor der Geburt bewegen, und einen Ausgang bereiten könne. Diese Bewegung des jungen Blackfisches im Eye, habe ich öfters mit Freude im Jahr 1757. zu Neapel gesehen, als ich die doppelte Haut des Eyes öfnete. Denn alsdenn springt, nach einem gelinden Drucke, der in ihm enthaltene Saft hervor, worinne der weißlichte kleine Blackfisch, welcher mit einigen kleinen rothbraunen Flecken bezeichnet ist, hin und her bewegt wird. Um diese Bewegung hervorzubringen, gebraucht er, wie der erwachsene Blackfisch, die Schwimm-Floßfedern.*)

Animal. beschrieben. Rondeletius sagt a. a. O. die Eyer wären im Anfange so groß als eine Myrtenbeere, endlich erlangte sie die Größe einer Haselnuß; die äussere Schale wäre von der Dinte des Blackfisches schwarz, innerlich weiß; die darinnen enthaltenen Säfte seyen den Säften des Auges ähnlich, zuerst ein wässeriger, hernach ein etwas zäherer Schleim, und der dritte sey am dicksten. Eine gute Abbildung der Seetrauben findet sich auch in *Alberti Sebae* Thesauro &c. III. Tab. IV. F. 6. Es heißt daselbst, daß die Traube von blauer Farbe sey.

*) Der Verfasser meynet ohne Zweifel die Arme oder die Fühlfäden des Blackfisches, womit er sich, besonders mit dem Hintern, beweget.

Druckfehler.

Seite 28. Zeile 3. von unten, nach Landes, fehlt das Wort: finden. Seite 42. Zeile 3. von unten, anstatt: ετι αιχλίαν, lied: τοι αιχλίαν. Seite 66. Zeile 2. von unten, anstatt: das oben 64. Seite, lied: das oben 55. Seite. Seite 89. Zeile 5. von unten, anstatt: Esperience, lied: Esperienze. Seite 97. Z. 11. 12. von unten, anstatt: χουτικίκ, lied: χουτικίκ. Seite 98. Zeile 5. von unten, anstatt: inbricatis, lied: imbricatis. Seite 143. Zeile 7. von unten, anstatt: eine, lied: eines. Seite 144. Zeile 10. von oben, anstatt: wollen, lied: rollen. Ebend. Zeile 1. von unten, anstatt: Borse, lied: Borse.

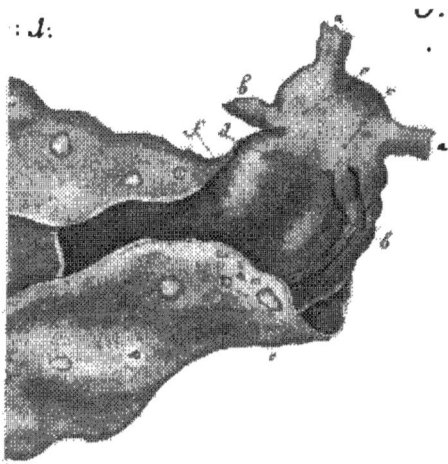

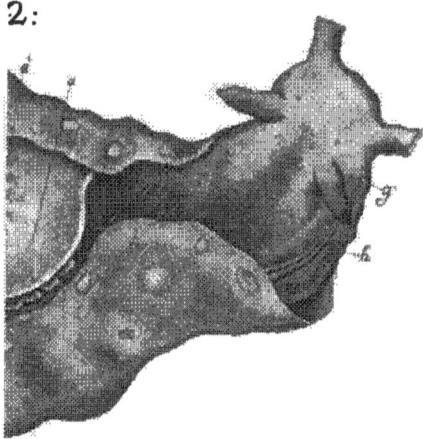

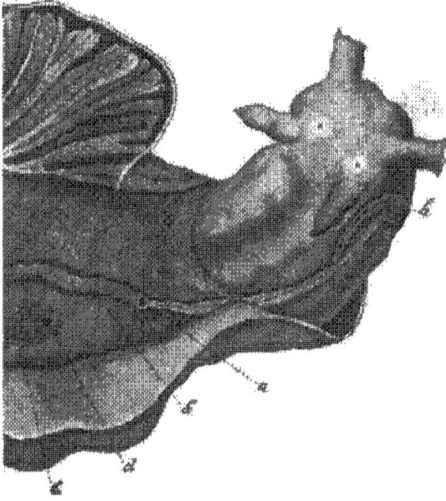

Fig: 1.

T: II.

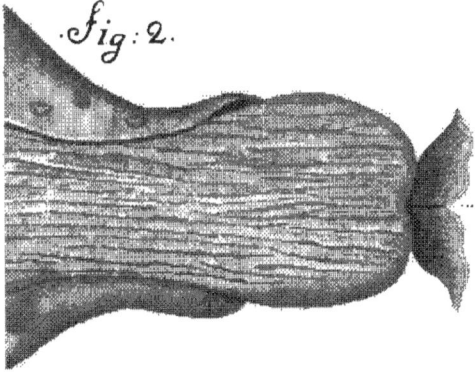

Fig: 2.

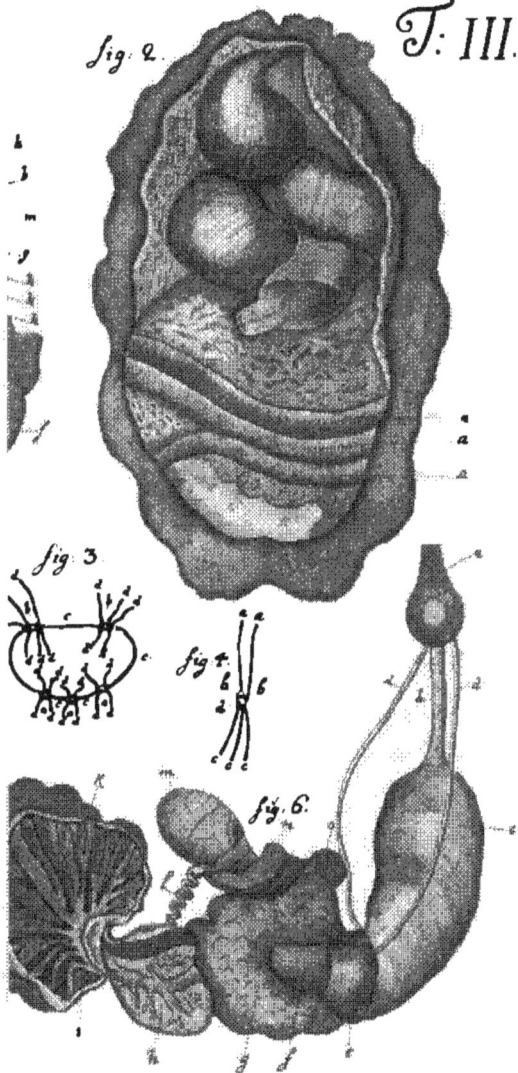

T: III.

fig. 2.

fig. 3.

fig. 4.

fig. 6.

fig: 3.

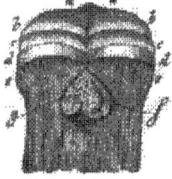

fig: 4.

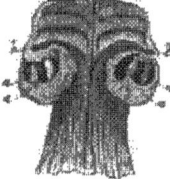

fig: 6.

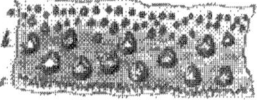

fig: 7.

fig:

l.

fig: 12.

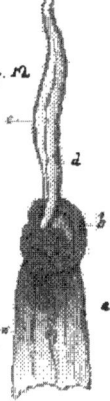

fig 11.

fig. 10.

fig: 14.

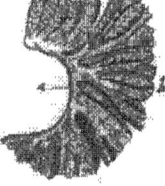

fig 15.

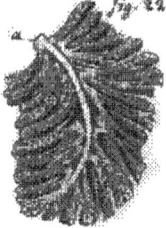

fig. 19.

fig. 17.

fig. 21.

fig. 22.

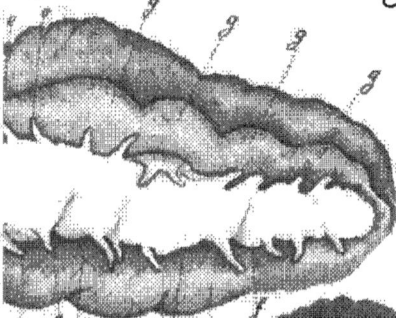

fig. 1.   *T: V.*

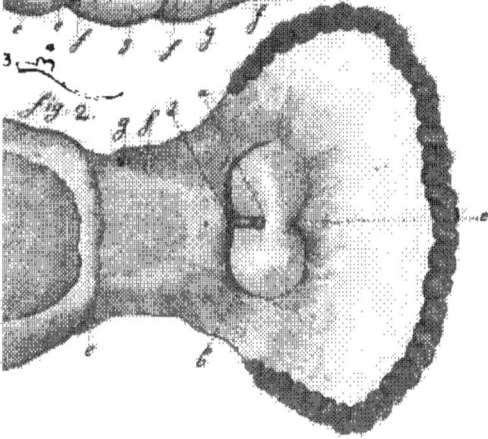

fig. 2.

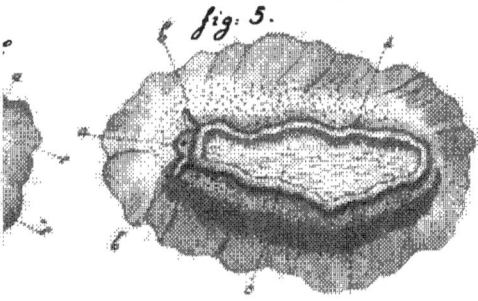

fig. 5.

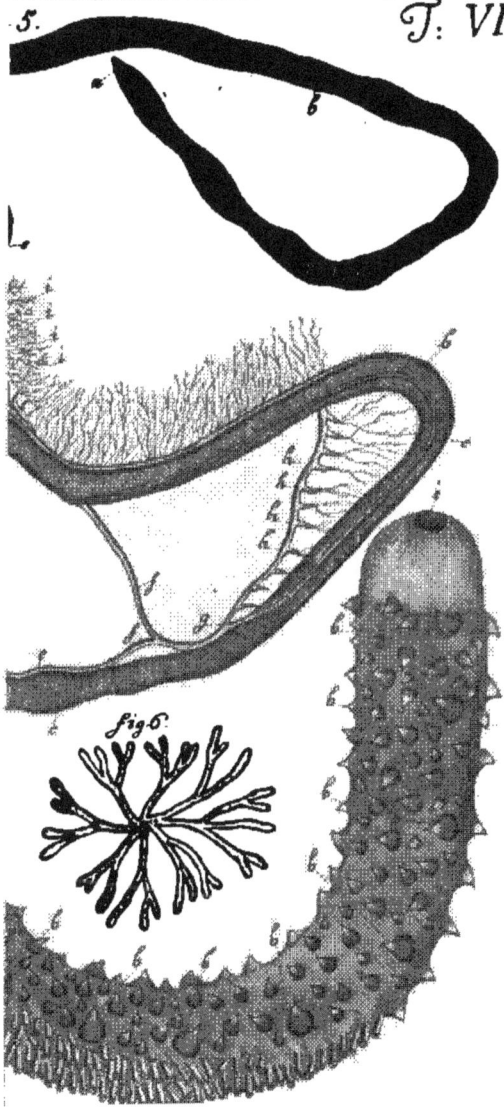

fig 6.

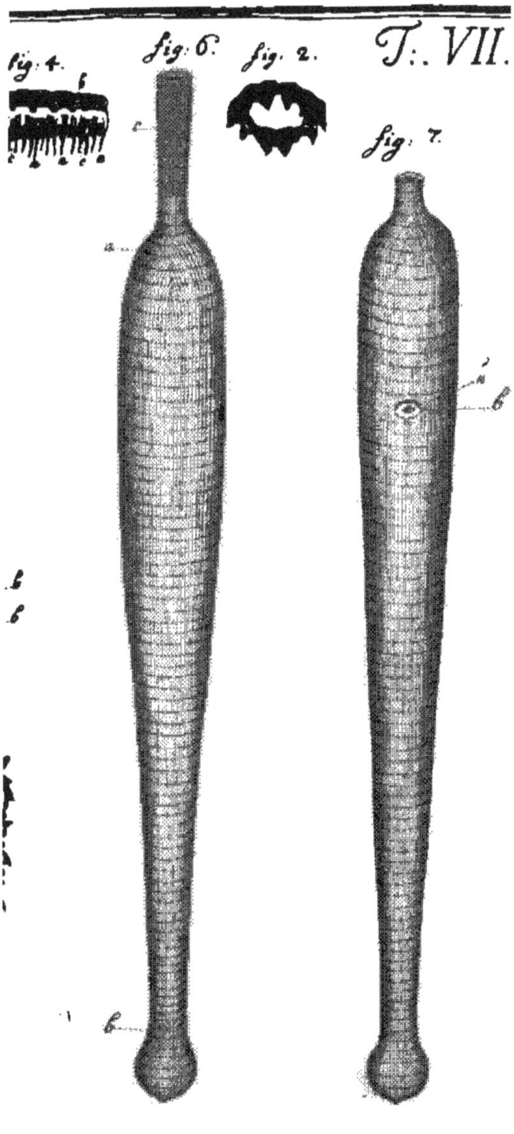

fig: 4.   fig: 6:   fig: 2.   T:. VII.

fig: 7.

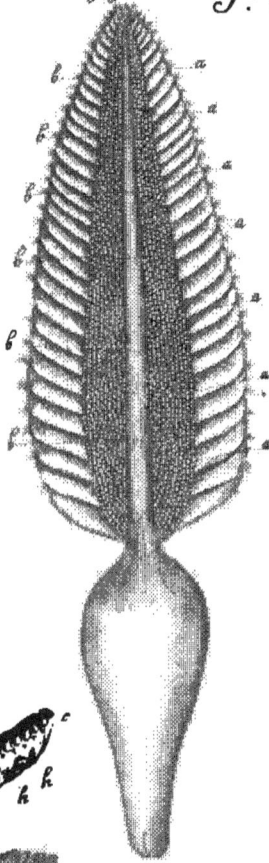

fig. 2. 𝒯: *VIII.*

fig. 6.

fig. 4.

fig. 3.

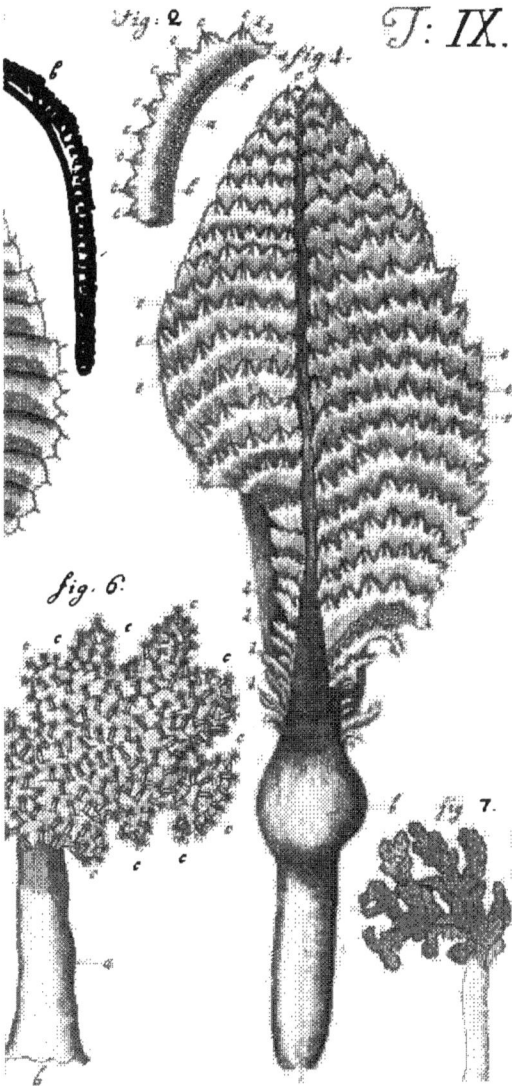

Fig: 2

fig. 4

T: IX.

fig. 6:

fig. 7

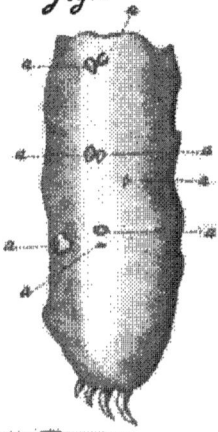

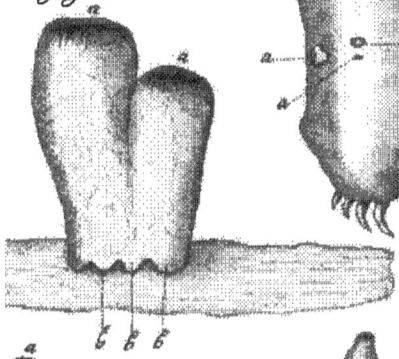

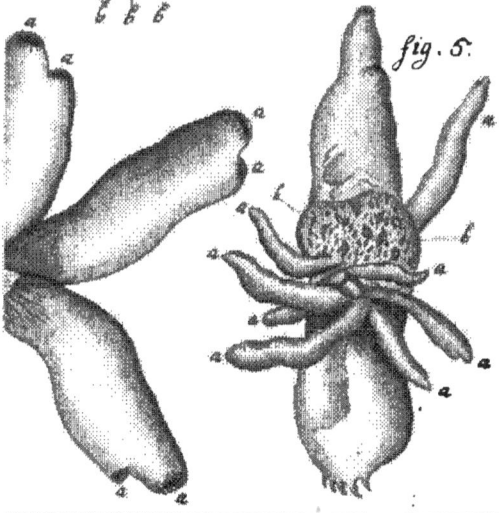

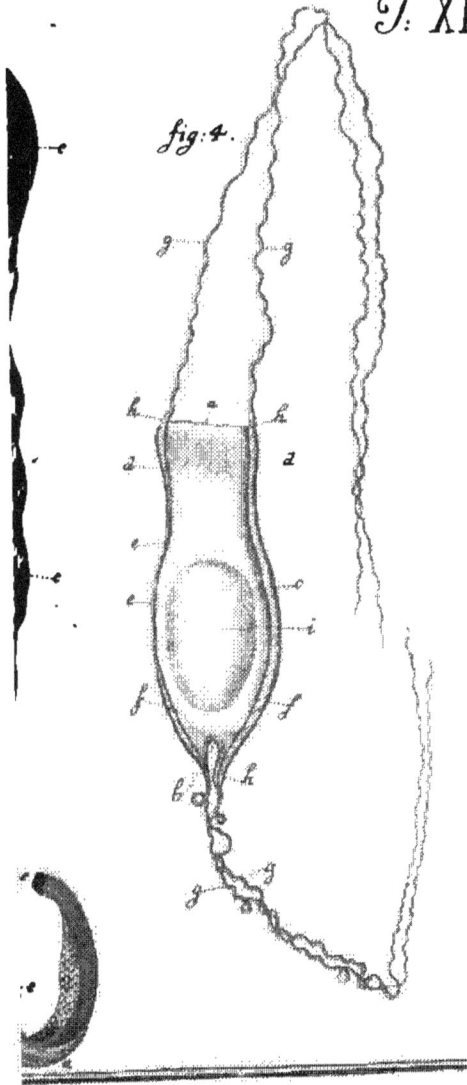

T. XI.

fig. 4.

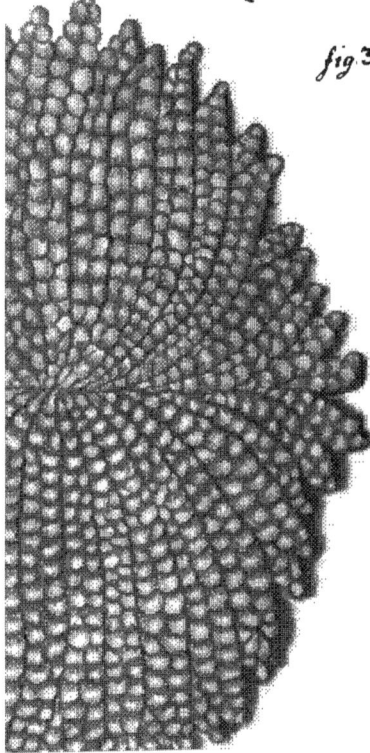

fig. 1.

fig. 4.

fig. 3.

www.ingramcontent.com/pod-product-compliance
Lightning Source LLC
Chambersburg PA
CBHW021711210326
41599CB00013B/1607

* 9 7 8 3 7 4 1 1 7 0 8 9 8 *